粉煤灰功能化去除水体中砷的技术

韩彩芸 著

北 京
冶金工业出版社
2023

内 容 提 要

本书共5章，系统介绍了粉煤灰功能化去除水体中砷的技术，具体包括柠檬酸铁修饰粉煤灰对砷的去除、粉煤灰合成X型沸石及壳聚糖改性X型沸石对砷的去除、微孔ZSM-5扩孔及硫酸高铈改性对ZSM-5结构和除砷性能的影响等内容。

本书可供矿业工程及环境工程相关领域的科研人员、管理人员等阅读，也可供环境工程和资源循环科学与工程专业的高等院校师生参考。

图书在版编目(CIP)数据

粉煤灰功能化去除水体中砷的技术/韩彩芸著.—北京：冶金工业出版社，2023.5

ISBN 978-7-5024-9513-8

Ⅰ.①粉… Ⅱ.①韩… Ⅲ.①脱砷—废水处理 Ⅳ.①X703

中国国家版本馆CIP数据核字(2023)第089879号

粉煤灰功能化去除水体中砷的技术

出版发行	冶金工业出版社		电　　话	(010)64027926
地　　址	北京市东城区嵩祝院北巷39号		邮　　编	100009
网　　址	www.mip1953.com		电子信箱	service@mip1953.com

责任编辑　王梦梦　美术编辑　吕欣童　版式设计　郑小利
责任校对　葛新霞　责任印制　窦　唯
北京印刷集团有限责任公司印刷
2023年5月第1版，2023年5月第1次印刷
710mm×1000mm　1/16；10.75印张；207千字；160页
定价75.00元

投稿电话　(010)64027932　投稿信箱　tougao@cnmip.com.cn
营销中心电话　(010)64044283
冶金工业出版社天猫旗舰店　yjgycbs.tmall.com
(本书如有印装质量问题，本社营销中心负责退换)

前　言

粉煤灰是燃煤电厂产生的主要副产物之一。煤炭是我国最主要的能源，国内每年因煤炭燃烧产生大量的粉煤灰，因此，粉煤灰也被划定为大宗工业固体废弃物。国内外目前对于粉煤灰的利用率都不高，致使大量粉煤灰被堆积放置或者填埋在陆地填埋场或湖泊中。粉煤灰成分较为复杂，平均粒径小于 $20\mu m$，这比较容易引发二次污染，所以需要对其展开新的处理和再利用工作，以实现粉煤灰减量化和资源化。目前关于粉煤灰的利用主要集中在水泥、混凝土、路基填料等低附加值领域，对粉煤灰进行高附加值和大掺量利用，减少占地面积，降低环境污染，创造更高附加值是今后的重要发展方向。

重金属伴随着采矿、冶金和化工生产等进入环境中，会造成环境污染。据2020年《中国环境统计年报》报道，2020年我国重金属排放量为73.1t，它们具有难降解和易富集等特性，因日积月累当前已成为亟待解决的问题。其中，类金属砷被国际癌症研究所等机构认定为一种致癌物，而全球有超过五千多万人面临着水体中砷超标的问题。我国在《重金属防治"十二五"规划》《关于加强涉重金属行业污染防控的意见》《"十三五"生态环境保护规划》和《"十四五"生态环境保护规划》等文件中都提出要将砷作为重点防治对象之一，要求高效控制、去除水体中的砷。所以，通过有效除砷手段来改善人类赖以生存的自然环境对人体健康有重要意义，开展高效除砷技术的研发工作已迫在眉睫。

粉煤灰富含与砷有强亲和性的铝、铁氧化物，所以本书以粉煤灰为对象介绍其对水体中砷的吸附去除，并就粉煤灰功能化作为砷吸附剂的关键技术进行考察。先用柠檬酸铁对粉煤灰进行功能化，然后将粉煤灰制备成 X 型沸石和 ZSM-5 型沸石，并分别用活性物质壳聚糖和铈对它们进行修饰，成功将粉煤灰从大宗固体废弃物转变为高效砷吸附剂环保材料。本书在材料合成、吸附性能评价和吸附反应机理等方面进行了科学阐述，理论与实际相结合，便于环境工程、环境科学、资源循环科学与工程和材料科学与工程等领域从业人员参考。

本书的出版得到了国家自然科学基金项目（22066013）、广西先进结构材料与碳中和重点实验室、广西民族大学相思湖青年学者创新团队项目（2022GXUNXSHQN03）的支持，在此表示衷心的感谢！

本书在撰写过程中参考了许多专家、学者的资料与文献，并尽可能地在参考文献中列出，在此向资料与文献的作者表示衷心的感谢。

由于作者水平有限，书中谬误之处，恳请专家学者批评指正。

韩彩芸

2022 年 12 月

于广西民族大学

目　　录

1 绪论 ··· 1
 1.1 概述 ·· 1
 1.2 粉煤灰资源化处理的研究进展 ··· 2
  1.2.1 粉煤灰性质 ·· 2
  1.2.2 粉煤灰对环境的危害和毒性 ·· 2
  1.2.3 粉煤灰资源化利用的发展历程 ··· 3
  1.2.4 粉煤灰在工业生产中的应用 ·· 3
  1.2.5 粉煤灰在农业生产中的应用 ··· 11
  1.2.6 粉煤灰在环境保护领域的应用 ·· 11
 1.3 含砷废水处理的研究进展 ··· 12
  1.3.1 砷的来源与危害 ·· 12
  1.3.2 化学沉淀法 ·· 13
  1.3.3 离子交换法 ·· 14
  1.3.4 电凝聚法 ··· 14
  1.3.5 膜法 ··· 15
  1.3.6 电渗析法 ··· 15
  1.3.7 生物法 ·· 16
  1.3.8 催化氧化法 ·· 16
  1.3.9 浮选法 ·· 17
  1.3.10 萃取法 ··· 17
  1.3.11 吸附法 ··· 18
 1.4 吸附剂的研究进展 ··· 19
  1.4.1 碳基吸附剂 ·· 19
  1.4.2 金属类吸附剂 ·· 21
  1.4.3 树脂吸附剂 ·· 26
  1.4.4 生物吸附剂 ·· 27

1.4.5 废弃物 ……………………………………………………………… 28

参考文献 …………………………………………………………………… 29

2 实验方案 …………………………………………………………………… 41

2.1 实验药品与仪器 ……………………………………………………… 41
2.2 实验仪器 ……………………………………………………………… 42
2.3 粉煤灰组分 …………………………………………………………… 44
2.4 材料合成方案 ………………………………………………………… 44
2.4.1 粉煤灰修饰 ……………………………………………………… 44
2.4.2 粉煤灰合成 X 型沸石 …………………………………………… 45
2.4.3 壳聚糖改性 X 型沸石 …………………………………………… 45
2.4.4 微孔 ZSM-5 扩孔 ……………………………………………… 46
2.4.5 硫酸高铈负载扩孔 ZSM-5 ……………………………………… 46
2.5 材料结构表征方案 …………………………………………………… 47
2.5.1 X 射线荧光光谱分析 …………………………………………… 47
2.5.2 X 射线衍射 ……………………………………………………… 47
2.5.3 N_2 吸脱附等温线 ……………………………………………… 48
2.5.4 扫描电镜 ………………………………………………………… 51
2.5.5 透射电镜 ………………………………………………………… 51
2.5.6 傅里叶变换红外吸收光谱 ……………………………………… 52
2.5.7 X 射线光电子能谱分析 ………………………………………… 52
2.5.8 Zeta 电位 ………………………………………………………… 53
2.6 材料吸附性能评价依据 ……………………………………………… 53
2.6.1 吸附反应因素的影响 …………………………………………… 53
2.6.2 吸附实验方法 …………………………………………………… 55
2.6.3 砷去除性能评价 ………………………………………………… 56
2.7 砷吸附实验方案 ……………………………………………………… 56
2.7.1 活化粉煤灰因素对 As（V）去除性能的影响 ………………… 56
2.7.2 柠檬酸铁功能化粉煤灰对 As（V）去除性能的影响 ………… 57
2.7.3 X 型沸石对砷的吸附 …………………………………………… 58
2.7.4 壳聚糖改性 X 型沸石对 As（V）的去除 ……………………… 59
2.7.5 硫酸高铈改性条件对 As（V）去除性能的影响 ……………… 61

2.7.6　Ce/ZSM-5K 复合材料对 As（V）的去除 …………………………… 62
 2.8　砷吸附性能评价方法 ……………………………………………………… 63
  2.8.1　吸附等温线 …………………………………………………………… 63
  2.8.2　吸附动力学 …………………………………………………………… 65
  2.8.3　吸附热力学 …………………………………………………………… 67
 参考文献 …………………………………………………………………………… 67

3　柠檬酸铁修饰粉煤灰对砷的去除 ……………………………………………… 71

 3.1　柠檬酸铁修饰粉煤灰的结构 ……………………………………………… 72
  3.1.1　BET 分析 ……………………………………………………………… 72
  3.1.2　SEM 分析 ……………………………………………………………… 73
  3.1.3　FT-IR 分析 …………………………………………………………… 74
  3.1.4　XRD 分析 ……………………………………………………………… 75
  3.1.5　XRF 分析 ……………………………………………………………… 76
 3.2　合成条件对砷吸附性能的影响 …………………………………………… 77
  3.2.1　活化碱度对砷去除率的影响 ………………………………………… 77
  3.2.2　活化温度对砷去除率的影响 ………………………………………… 79
  3.2.3　改性剂对砷去除率的影响 …………………………………………… 79
 3.3　吸附反应因素对砷吸附性能的影响 ……………………………………… 80
  3.3.1　溶液 pH 值 …………………………………………………………… 80
  3.3.2　溶液初始浓度和接触时间 …………………………………………… 82
  3.3.3　吸附剂量 ……………………………………………………………… 84
  3.3.4　吸附等温线 …………………………………………………………… 84
  3.3.5　吸附动力学 …………………………………………………………… 86
  3.3.6　共存离子的影响 ……………………………………………………… 88
 3.4　吸附机理 …………………………………………………………………… 89
 3.5　浸出测定 …………………………………………………………………… 91
 参考文献 …………………………………………………………………………… 91

4　粉煤灰合成 X 型沸石及壳聚糖改性 X 型沸石对砷的去除 ……………… 96

 4.1　粉煤灰合成 X 型沸石的结构 ……………………………………………… 97
  4.1.1　铝源的影响 …………………………………………………………… 97

4.1.2　NaAlO₂ 添加量的影响 …………………………………………… 98
　　4.1.3　NaOH/粉煤灰的影响 …………………………………………… 98
　　4.1.4　结晶时间和温度的影响 ………………………………………… 100
4.2　X 型沸石对砷的吸附 …………………………………………………… 102
　　4.2.1　吸附剂比较 ……………………………………………………… 102
　　4.2.2　溶液 pH 值影响 ………………………………………………… 103
　　4.2.3　初始浓度的影响 ………………………………………………… 104
　　4.2.4　吸附剂添加量的影响 …………………………………………… 105
　　4.2.5　温度的影响 ……………………………………………………… 106
　　4.2.6　吸附等温线 ……………………………………………………… 107
　　4.2.7　吸附动力学 ……………………………………………………… 108
　　4.2.8　吸附热力学 ……………………………………………………… 110
　　4.2.9　吸附机理 ………………………………………………………… 111
4.3　壳聚糖改性 X 型沸石的结构性质 …………………………………… 113
　　4.3.1　XRD ……………………………………………………………… 113
　　4.3.2　FT-IR ……………………………………………………………… 114
4.4　壳聚糖改性 X 型沸石对 As（V）的吸附 …………………………… 114
　　4.4.1　壳聚糖改性对 As（V）吸附性能的影响 …………………… 114
　　4.4.2　接触时间和初始砷浓度对壳聚糖改性 X 型沸石除 As（V）性能
　　　　　的影响 …………………………………………………………… 115
　　4.4.3　壳聚糖改性 X 型沸石投加量对 As（V）去除性能的影响 …… 116
　　4.4.4　初始 pH 值对壳聚糖改性 X 型沸石去除 As（V）性能的影响 …… 117
　　4.4.5　反应温度对壳聚糖改性 X 型沸石去除 As（V）性能的影响 … 119
　　4.4.6　共存阴离子对壳聚糖改性 X 型沸石去除 As（V）性能的影响 …… 119
　　4.4.7　壳聚糖改性 X 型沸石吸附 As（V）的等温线 ……………… 120
　　4.4.8　壳聚糖改性 X 型沸石吸附 As（V）的动力学 ……………… 121
　　4.4.9　壳聚糖改性 X 型沸石吸附 As（V）的热力学 ……………… 123
　　4.4.10　壳聚糖改性 X 型沸石吸附 As（V）的机理 ………………… 124
参考文献 ………………………………………………………………………… 127

5　微孔 ZSM-5 扩孔及硫酸高铈改性对 ZSM-5 结构和除砷性能的影响 …… 133

5.1　概述 ……………………………………………………………………… 133

5.2 粉煤灰合成 ZSM-5 ·· 135
5.3 微孔 ZSM-5 的扩孔 ·· 135
　5.3.1 pH 值对孔结构的影响 ·· 135
　5.3.2 水热温度和时间对孔结构的影响 ···························· 137
　5.3.3 ZSM-5K 的性质表征 ··· 138
5.4 硫酸高铈改性对材料结构性质的影响 ···························· 139
　5.4.1 晶型 ·· 139
　5.4.2 表面结构性质 ·· 139
　5.4.3 TEM ·· 141
5.5 硫酸高铈改性条件对 As（V）去除性能的影响 ················· 142
　5.5.1 不同铈源对 As（V）去除性能的影响 ····················· 142
　5.5.2 不同沸石载体对 As（V）去除性能的影响 ················ 142
　5.5.3 不同铈添加量对 As（V）去除性能的影响 ················ 143
5.6 5%Ce/ZSM-5K 的 As（V）去除性能 ···························· 144
　5.6.1 初始 pH 值对 As（V）去除性能的影响 ··················· 144
　5.6.2 初始浓度对 As（V）去除性能的影响 ····················· 146
　5.6.3 5%Ce/ZSM-5K 投加量对 As（V）去除性能的影响 ······ 146
　5.6.4 体系温度对 5%Ce/ZSM-5K 除 As（V）性能的影响 ····· 147
　5.6.5 5%Ce/ZSM-5K 吸附 As（V）的吸附等温线 ·············· 147
　5.6.6 5%Ce/ZSM-5K 吸附 As（V）的吸附动力学 ·············· 149
　5.6.7 共存阴离子对 5%Ce/ZSM-5K 除 As（V）性能的影响 ··· 151
　5.6.8 吸附机理 ·· 152

参考文献 ·· 156

1 绪　　论

1.1 概　　述

生态环境部的《2019年中国生态环境统计年报》显示，2019年我国废水中重金属（铅、汞、镉、铬和类金属砷）排放量为120.7t，其中工业源为117.6t。重金属通过各种形式进入环境中，因其难以降解的属性，会对人体和自然生态环境造成持续性危害。其中，类金属砷被联合国环境规划署认定为是最具毒性的污染物之一，被国际癌症研究所等多家权威机构认为是致癌物之一，类金属砷主要通过人类生产和生活活动从岩石圈进入环境中，并造成环境污染[1-2]。随着人们生产和生活水平的提高，大量含砷矿产的开采、冶炼及含砷化合物在玻璃、颜料、药物和纸张生产等生产活动中的应用，大量砷化物随着水体排放进入水环境中，对水体环境造成污染[3-5]。有专家在2018年7月召开的第七届环境砷国际学术大会上指出，全球约有2亿人饮用水中的砷含量超标。我国在《重金属防治"十二五"规划》《关于加强涉重金属行业污染防控的意见》和《"十三五"生态环境保护规划》等文件中都提出要将砷作为重点防治对象之一，文件要求高效控制、去除水体中的砷。所以，通过有效除砷手段来改善人类赖以生存的自然环境对人体健康具有重要意义，开展高效除砷技术的研发工作已迫在眉睫。

粉煤灰是燃煤电厂产生的主要副产物之一，属于大宗工业固体废弃物。据估计，全世界每年约产生7.5亿吨粉煤灰，但其全球平均利用率不足50%。所以，大量粉煤灰被堆积或者填埋在陆地填埋场和湖泊中。由于粉煤灰成分的复杂性，当其填埋处置不当时易引发二次污染问题，而我国的资源特点是石油储备量少、天然气含量少、煤炭资源丰富，故煤炭一直以来都是我国最主要的能源类型[6]。粉煤灰作为煤炭燃烧过程中排放的主要固体废弃物之一，每燃烧4kg煤粉就会产生1kg粉煤灰，而我国《能源中长期发展规划纲要》中指出，我国中长期能源发展战略的发展重点之一就是发展煤化工产业。随着煤炭业的发展，我国粉煤灰的产量将持续增加，巨大粉煤灰量的产生意味着巨大的资源量，但现在低效率的应用会导致大量粉煤灰堆存在环境中，这不仅占用大量土地，还对环境造成不良影响[7]。为贯彻可持续发展战略，实现循环经济，建设环境友好型社会，加快研究粉煤灰的减量化和资源化处理技术就非常有必要。此外，国家发改委于2013年3月1日起实施的新修订版《粉煤灰综合利用管理办法》中表示，鼓励对粉煤灰进行高附加值和大掺量利用。所以，资源化、高附加值利用粉煤灰是我国亟待解决的重要问题。

1.2　粉煤灰资源化处理的研究进展

1.2.1　粉煤灰性质

粉煤灰原本不存在于自然界中，而是通过人类活动形成的。它的产生是由于发电厂煤粉中不燃物（主要是灰分）在炉膛高温作用下呈现部分熔融状态，同时由于其表面张力的作用而形成大量细小的球形颗粒共存在烟气中，这些熔融状态的球形颗粒随着烟气流向燃烧炉尾部时被急剧冷却而捕集下来。粉煤灰颜色有浅灰、灰、深灰、暗灰、黄土和灰黑色等，其颜色深度表示了燃烧不充分的碳含量的高低，颜色越深碳含量越高，其相应的粉煤灰粒度也较小[8]。粉煤灰组成随着燃料煤、燃烧方式和收集方式的不同而不同，但一般情况下其主要成分是 SiO_2、Al_2O_3、FeO、Fe_2O_3、CaO、TiO_2 等，且含量（质量分数）70%以上是硅铝酸玻璃体，其颗粒较细、质地致密、内比表面积小。据资料显示[9]，粉煤灰颗粒的平均粒径小于 $20\mu m$，其密度为 $2.3 \sim 2.6 g/cm^3$，比表面积为 $300 \sim 500 cm^2/kg$，吸水量为 90%~130%，其自然孔隙较土类更加丰富，主要是通过颗粒挤压碰撞和可燃物气化所留下的空洞。

目前，粉煤灰是我国排放量较大的工业废渣之一，每年有 1.8 亿吨以上被废弃放置，废弃量约为美国粉煤灰总量的 3 倍。在粉煤灰资源化利用过程中，从业者主要根据其物理、化学性质和应用要求对粉煤灰进行分类，其分类依据主要有：(1) 根据我国《用于水泥和混凝土中的粉煤灰》(GB 1596—2017) 的标准进行分类；(2) 根据粉煤灰的含水率变化进行分类；(3) 根据粉煤灰中 CaO 含量的高低进行分类；(4) 根据粉煤灰中硅、钙含量进行分类[10]。

1.2.2　粉煤灰对环境的危害和毒性

我国经济发展水平伴随改革开放的脚步快速提高，工业、企业、家庭等用电单位的用电量也出现大幅增长，用于火力发电的煤炭用量随之逐渐增加，这导致我国粉煤灰的产量增加。据调查，我国粉煤灰产量随着经济快速发展而逐年递增，其中粉煤灰产量 1995 年是 1.25 亿吨，2000 年是 1.5 亿吨，2009 年约为 3.75 亿吨，2017 年年底达到 6.86 亿吨[11]。如处置不当，会对环境产生较大危害。

(1) 对土壤的危害：由于粉煤灰的低利用率，目前大量粉煤灰依旧是堆存放置，这些粉煤灰的露天堆放会占用大量的土地资源，而且粉煤灰随降水渗入土壤会升高周边土壤的 pH 值，这会增加土壤的盐碱化程度，不利于作物生长[12]。

(2) 对水体的危害：粉煤灰受雨水的冲刷，粉煤灰中的砷、铬等重金属和其他有害物质随着雨水通过渗透作用而迁移到地表水和地下水中，使得地下水资源的重金属含量超标，从而引发地下水灌溉的农作物重金属含量超标。

(3) 对大气的危害：粉煤灰对大气环境的危害主要体现在其较小的粒径容易形成扬尘，弥漫在空气中，这会加大空气中的微粒子浓度，形成雾霾。对于粒径范围在 0.5~10μm 的可吸入颗粒物，它在被人体吸入后易引发呼吸道疾病。此外，粉煤灰中其他一些有害元素，如 Cr、Zn、As、Ni、Cu 和 Pb 等重金属及煤粉不充分燃烧所产生的多环芳烃（PAHs）等有机物进入人体后对人体器官造成更严重的危害。

1.2.3 粉煤灰资源化利用的发展历程

据资料显示，粉煤灰资源化利用最早始于 1914 年，其中法国、日本、德国和英国的粉煤灰资源化利用程度最高，利用率分别为 75%、100%、65% 和 46.25%[13]。在我国，粉煤灰综合利用共经历了"以储为主—储用结合—以用为主"三个发展阶段。

第一阶段是以储为主，主要是发生在 20 世纪 50 年代初，这个时期内我国对粉煤灰的处理方式是建立储灰场来储存粉煤灰，当灰堆满后进行加高原储灰场或另建新储灰场的方式加大储灰量。

第二阶段是储用结合，主要是发生在 20 世纪 50 年代后期到 20 世纪 70 年代末，这个阶段内粉煤灰开始在建筑工程、建筑材料和墙体材料三个领域展开应用，分别将其作为混凝土和砂浆的掺合料、生产砖原料、粉煤灰烧结陶粒等。

第三阶段是以用为主，即粉煤灰综合利用方式，它是从 20 世纪 80 年代开始的。由于电力需求的快速增加，大量粉煤灰随之产生，国家加大对粉煤灰处理的重视和政策调整，在建筑材料、回填、农业和化工等领域加大对粉煤灰的使用，提高粉煤灰综合利用的技术和经济价值[11]。

1.2.4 粉煤灰在工业生产中的应用

1.2.4.1 粉煤灰中资源的提取

通过对粉煤灰组分的调查和分析发现，粉煤灰中含有丰富的碳、硅、铝和铁等金属，此外还有少量镓和锗等有价金属元素[14]。针对上述有价金属的提取和分离可减缓环境压力、避免资源浪费，并增加二次资源。

A 脱硅

粉煤灰中的硅含量较高，而硅常被用在半导体、陶瓷和分子筛材料等中。其中分子筛在化工、冶金、电子和环保等领域中有着广泛应用，但其制备过程中通常所选用的硅源是有机物——正硅酸乙酯，这不仅增加成本还带来新的环境污染。由于粉煤灰中硅铝酸盐的 Al—Si 键非常牢固，且性质稳定，所以从粉煤灰中提取二氧化硅最主要的是脱铝、断裂 Al—Si 键[15]。目前，从粉煤灰中提取 SiO_2 的常规方法如下。

（1）将混合均匀的碳酸钠与粉煤灰混合物在高温状态下煅烧，然后用盐酸来实现硅与铝的分离，主要的反应方程式：

$$Al_2O_3 \cdot 2SiO_2 + 3Na_2CO_3 \longrightarrow 2Na_2SiO_3 + 2NaAlO_2 + 3CO_2 \qquad (1\text{-}1)$$

$$H_2O + 2HCl + Na_2SiO_3 \longrightarrow H_4SiO_4 + 2NaCl \qquad (1\text{-}2)$$

$$NaAlO_2 + 4HCl \longrightarrow NaCl + AlCl_3 + 2H_2O \qquad (1\text{-}3)$$

（2）采用氢氧化钠与粉煤灰发生化学反应来逐步实现硅铝的分离，氢氧化钠首先侵蚀粉煤灰表面的可溶物质，使得 Si—O 和 Al—O 键断裂产生大量活性基团，碱性物质与活性基团进行中和反应（Si—OH+NaOH →Si—ONa+H_2O）。此外，由于硅、铝都是分子筛合成的原料，从粉煤灰中单纯提取二氧化硅方案的经济性就较低，同时提取硅、铝就尤为重要。

B 脱铝

有调查发现，我国内蒙古、山西等地的粉煤灰中氧化铝组分含量超过 40%，氧化铝含量大于 40% 的这类粉煤灰被称为高铝粉煤灰，其最有效的减量化方式是从中提取氧化铝作为一种资源，这可以缓解我国铝土资源匮乏的问题。目前，高铝粉煤灰中铝的提取方法有碱法、酸法和酸碱联合法。

其中碱法可分为烧结法和碱溶法。石灰烧结法和碱石灰烧结法是烧结法脱除高铝粉煤灰中铝资源的两种常用方式。

（1）石灰烧结法是由 20 世纪 50 年代的波兰学者提出的，它的工艺流程包括物料烧结、熟料的自粉、熟料碱溶出、溶出液深度脱硅、脱硅后溶液碳分及煅烧过程，其反应机理是将石灰石或生石灰与高铝粉煤灰按照预定比例混合，混合均匀的混合物在 1300~1400℃ 的温度范围内进行煅烧，煅烧过程中高铝粉煤灰中的稳定相——莫来石等组分中的硅、铝分别转化为不溶于碳酸钠的硅酸二钙（$2CaO \cdot SiO_2$）和铝酸钙（$12CaO \cdot 7Al_2O_3$）可溶物，以此来实现硅、铝的有效分离。煅烧过程具体发生的化学反应为式 (1-4) 和式 (1-5)。

（2）碱石灰烧结法与石灰石烧结法基本相同，它的工艺过程包括备料、烧结、熟料溶出、脱硅、碳酸化分解、焙烧和分解母液蒸发，通过以高铝粉煤灰、石灰和碳酸钠为原料，于高温条件下煅烧形成可溶的偏铝酸钠和不溶的硅酸二钙来实现硅、铝的分离，有学者通过添加硫酸铵为活化剂来提高铝的提取率[16]。在上述两种常用的烧结脱铝方法基础上，有研究者进行脱除铝技术的优化，提出预脱硅-碱石灰烧结法，其工艺技术如图 1-1[17] 所示。碱溶法中常见的有水热法和亚熔盐法。1）水热法是高浓度氢氧化钠溶液与高铝粉煤灰在高温高压条件下发生反应,并通过添加 CaO 在反应过程中进一步破坏粉煤灰中硅、铝矿物相,使得铝溶出。2) 亚熔盐法是将粉煤灰添加到碱金属盐融化后的高浓度溶液中破坏其稳定的含铝物相结构,铝元素被破坏和活化后以 $NaAlO_2$ 的形式进入介质,实现铝与其他组分的分离。

$$7(3Al_2O_3 \cdot 2SiO_2) + 64CaO \longrightarrow 3(12CaO \cdot 7Al_2O_3) + 14(2CaO \cdot SiO_2) \tag{1-4}$$

$$4SiO_2 + 8CaO \longrightarrow 4(2CaO \cdot SiO_2) \tag{1-5}$$

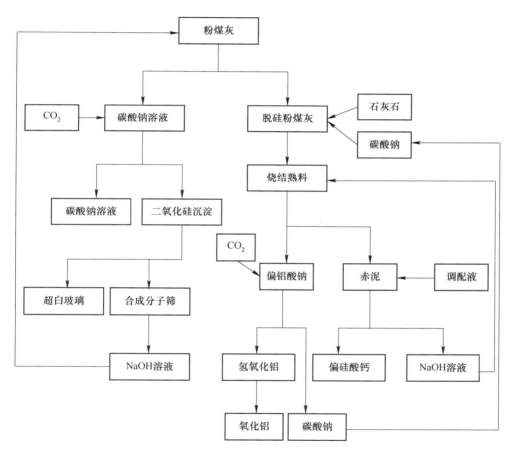

图 1-1 预脱硅-碱石灰烧结法提取高铝粉煤灰的工艺技术[17]

酸法是通过借助硫酸和盐酸等常见的无机酸为浸取剂或活化剂来从高铝粉煤灰中提取氧化铝的方法,其流程是用酸处理高铝粉煤灰得到铝盐的水溶液,然后使得铝盐析出,如添加氢氧化钠中和铝盐水溶液得到氢氧化铝沉淀从而析出。由于提取过程中所选用的酸度很大,而且都是有强腐蚀性的强酸,所以此方法对生产设备有较高要求,这将导致生产成本加大。其中硫酸脱铝的工艺可分为酸溶法和焙烧法。

(1) 酸溶法是将一定比例的高铝粉煤灰与硫酸混合均匀后在一定条件下反应,高铝粉煤灰中的铝物质与硫酸反应生成硫酸铝 $Al_2(SO_4)_3$,$Al_2(SO_4)_3$ 分离液经过除杂(硫酸钙和硫酸铁)、浓缩结晶和煅烧后得到氧化铝,反应中含硅物质不与硫酸反应,以此来实现铝、硅的分离;

(2) 焙烧法是将按照一定比例混合的高铝粉煤灰与硫酸制成矿浆并进行煅烧,粉煤灰中的含铝物质与硫酸发生反应生成 $Al_2(SO_4)_3$,煅烧活化后的熟料用水或者稀酸浸出来进一步除杂、浓缩结晶,最后经煅烧后得到氧化铝。此外,盐酸法脱铝工艺与硫酸工艺相似,只是酸溶后提取产物为氯化铝溶液,然后浓缩、结晶和煅烧来得到氧化铝[18]。

酸碱联合法是在反应过程中将前述酸法和碱法联合起来的一种方法。其工艺流程可分为:

(1) 将按照一定比例混合的无水碳酸钠与粉煤灰在高温下焙烧,然后用不同浓度的稀盐酸(或稀硫酸)进行溶解,反应结束后通过过滤操作来实现硅、铝的分离,滤渣为硅胶,滤液除杂后可通过添加氢氧化钠生成沉淀物氢氧化铝,并通过煅烧沉淀制备得氧化铝;

(2) 先用酸浸粉煤灰进行脱铝反应,后焙烧制得氧化铝。在反应过程中可通过添加无水碳酸钙等作为催化剂,以分解高铝粉煤灰中的化学物质,增加铝的反应活性[19]。

C 提取锂和镓等有价金属

锂主要存在于粉煤灰的玻璃相中,镓存在于莫来石、刚玉及玻璃体内部及矿物质表面。目前,粉煤灰中有价金属锂和镓的提取流程主要如图 1-2 所示。

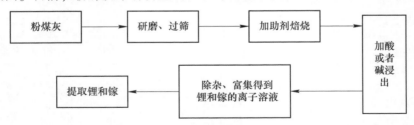

图 1-2 粉煤灰中锂和镓的提取工艺流程

(1) 首先将粉煤灰研磨、过筛。

(2) 添加助剂进行煅烧破坏莫来石和玻璃相的结构,莫来石、石英等转变成易溶态的霞石,并活化粉煤灰中的锂和镓,释放硅铝晶格内的锂和镓;常见的助剂有钠盐——氯化钠、碳酸钠等,钙化剂——氧化钙、石灰石、氯化钙等,铵盐——硫酸氢铵、硫酸铵等。

（3）向煅烧后的熟料中添加酸或碱进行浸出，使得有价金属锂和镓以离子形式转移到溶液中，在添加酸的浸出过程中，常用的酸有盐酸、硫酸和硝酸等；有研究表明，盐酸对镓的浸出率明显高于硫酸，硫酸对镓的浸出率高于硝酸，且硝酸参与的浸出过程会有毒性气体二氧化氮生成，在熟料中添加的碱液主要有氢氧化钠溶液和碳酸钠溶液[20]；此外，神华集团自主研发了"一步酸溶法"来溶出锂，其主要是利用在中温低压环境下，氧化硅和莫来石与盐酸均不发生反应，粉煤灰中的可溶性物质可与盐酸发生反应，K、Na、Mg、Ca、Li等随着盐酸的浸出而进入浸出液中。

（4）对浸出液进行除杂，实现锂或镓的富集，便于进一步提取富集液中的有价金属，常用的方法主要有沉淀法、萃取法和吸附法，具体来看：

1）沉淀法相对而言是提取有价金属研究最多的方法之一，其主要通过添加沉淀剂使得有价金属转化为沉淀物，操作较为简单，所得产品纯度高，其中，镓的富集是通过对滤液进行萃取而实现，再对富集液进行单宁配合沉淀回收；锂的富集是通过先全面除杂，再向富集液中通入二氧化碳气体使得锂离子以碳酸锂的形式沉淀下来。

2）吸附法由于吸附剂研发的限制，多适于处理浓度小的物质的分离问题，而粉煤灰中锂和镓的含量较低，所以吸附法被用来分离和提取粉煤灰中的锂和镓。有研究者用对锂离子有特殊记忆效应的离子筛材料吸附滤液中的锂，之后再用氢氧化钾溶液处理废弃吸附剂，使得已吸附锂离子与溶液钾离子通过离子交换反应而置换下来，实现锂的分离和提取目的[21]。聚氨酯泡沫塑料被用来作为吸附剂分离镓，吸附反应前先用酸对吸附剂进行质子化处理形成—CO—NH_2^+官能团，而镓在此酸性条件下以水合离子、配阴离子等形态存在，故吸附剂可与镓在酸性环境下进行吸附，再在一定条件下用氯化铵溶液作为解析液来洗脱镓[22]。

3）萃取法在粉煤灰有价金属提取中应用最多的是金属镓的提取，由于镓离子在水溶液中可与H^+和Cl^-形成配合物，而提取过程中的有机萃取剂如醚、酯、酮等可与镓配合物相结合，实现镓从水相转移到有机相，含镓的萃取物可在pH值为2~3的氯化铵溶液中解析，从而达到镓富集的目的[23]。总的来看，用萃取法提取粉煤灰中金属锂的过程中，现有萃取剂的成本较高，反萃取的效果欠佳，故此领域还需要更多的研究来实现其更广泛的利用。

1.2.4.2 粉煤灰用作建筑材料

粉煤灰资源化利用中，国外有20%以上的粉煤灰被用作建筑材料，有水泥、混凝土、高速路基填料、墙体材料和微晶玻璃等。虽然这种使用方式的附加值较低，但是使用量大，所以这是粉煤灰资源化的一个重要方面。而我国粉煤灰在建筑和材料这一领域的利用占比达到了粉煤灰全部利用的80%~90%。

A 水泥

我国处于高速发展时期,建筑业呈现井喷模式,且向"一带一路"的国家迁移,水泥作为建筑业的重要支撑,2016年我国水泥产量就达到24.1亿吨。生产水泥的生料有黏土、石灰石和铁粉等。而粉煤灰具有火山灰活性,化学成分与黏土相似,其大部分成分是可与碱性物质发生反应的酸性氧化物,生成胶凝的稳定化合物,因此可用粉煤灰替代黏土来生产水泥。研究者焦明常等人[24]发现,掺杂粉煤灰的水泥生料比普通生料在反应过程中更容易生成活性氧化钙。此外,用粉煤灰替代黏土还有两个优点:

(1) 粉煤灰不需要黏土熟化所需要的能耗,因为其在形成过程中已经经过了高温煅烧;

(2) 粉煤灰含有一定量未完全燃烧的碳粒,这也能降低水泥生料向熟料转化过程中的能耗[25]。

但因为粉煤灰与黏土相比,其氧化铝含量较高,所得水泥的易磨性有所降低,所以需要掺杂矿化剂来校正含量。

现有水泥种类有硅酸盐水泥、普通硅酸盐水泥、矿渣硅酸盐水泥、火山灰质硅酸盐水泥、粉煤灰硅酸盐水泥、复合硅酸盐水泥和粉煤灰超细水泥等。其中硅酸盐水泥中其他物质掺杂量较少,为0~5%;普通硅酸盐水泥中可掺杂粉煤灰量为6%~20%,且其自身的强度高于不掺粉煤灰的水泥[26];矿渣硅酸盐水泥、火山灰质硅酸盐水泥和粉煤灰硅酸盐水泥是将粉煤灰与硅酸盐水泥熟料掺和在一起,通过一定量的石膏磨细,最终得到粉煤灰硅酸盐水泥,粉煤灰的掺杂量为20%~40%;复合硅酸盐水泥,其本身是添加了粉煤灰和矿渣的,且其掺杂量为15%~50%;粉煤灰超细水泥是将30%的超细粉煤灰掺入水泥生料,制成灌浆材料,水泥熟料最终用于实际的地基处理中。

B 混凝土[27-28]

混凝土由于其高抗压强度、高耐久性和成本低的特点被广泛用在桥梁和公路建设工程中。由于粉煤灰来源多、成本低等特点,人们在混凝土拌制中用粉煤灰来替代其中的水泥,并发现粉煤灰对混凝土制备起到了一定的缓凝作用,其拌制的混凝土出现早期强度较低,但随着时间的增加其强度值增高的现象,所以粉煤灰不适宜用于需要早期高强度混凝土的配制中,但适于铁路等有耐久性要求的混凝土中。目前,粉煤灰用于配制混凝土主要在泵送混凝土、大体积混凝土、抗渗混凝土、蒸养混凝土、地下工程混凝土、水下混凝土、抗化学侵蚀混凝土和抑制碱骨料反应混凝土等方面。按照粉煤灰质量Ⅰ级、Ⅱ级和Ⅲ级有不同的应用范围:

(1) Ⅰ级粉煤灰用于抗冻、防腐蚀等有耐久性设计要求的钢筋混凝土和预应力混凝土结构工程;

(2) Ⅱ级粉煤灰用于钢筋混凝土及素混凝土结构工程中,当Ⅱ级粉煤灰中需水量比小于100%时，可用于抗冻、防腐蚀等有耐久性要求的混凝土；

（3）Ⅲ级粉煤灰主要用于C30以下的素混凝土。此外，将粉煤灰用于混凝土配制的具体要求可参看国家于2018年6月1日正式实施的标准《用于水泥和混凝土中的粉煤灰》(GB/T 1596—2017)。后来，为进一步改善粉煤灰替代水泥配制的混凝土性能，人们通过在体系中分别添加偏高岭土、稻草秸秆等物质来研究混凝土的性能[29-30]。

C 路基填料

随着社会发展，高等级公路、铁路等在我国逐步完善与延长，在这些道路建设中的传统路基和路堤填方用土多数是农用田地，随着路基土和农用土地之间矛盾的加剧，采用粉煤灰进行铁路和高等级公路路基填料的替代是很重要的一个途径。欧美国家很早之前就已经开展用粉煤灰做路基填料的研究试验，并发现粉煤灰能够在软土地基上替代自重较大的黏土填料，即粉煤灰填充的路基展现出更好的适用性和优越性。从击实特性、抗剪强度、压缩性和渗透性等方面考察粉煤灰作为路基填充材料时的性质，李凯[31]发现：

（1）粉煤灰无论是自然状态还是击实后，它的渗透系数都比砂黏土的大；

（2）粉煤灰和细粒土在达到最佳含水量之前，干容重随含水量的增加而增大，而达最佳含水量之后的干容重随含水量的增加而减少，这与一般细粒土的击实实验规律相一致，在达到最佳含水量之前，粉煤灰击实曲线的上升趋势相对较为平缓，但在达到最佳含水量之后，粉煤灰击实曲线的下降趋势相对细粒土更为迅速；

（3）粉煤灰在轻型击实标准下粉煤灰为中等压缩性材料，在重型击实标准下，其压缩性会有较大程度的降低；为进一步改良粉煤灰做路基填料中的性能，可通过添加石灰、砂黏土、海砂等来调整，但其性能在低掺加量时变化不大，增大掺加量虽可改变其性能，也会导致成本增加。

D 墙体材料

我国经济飞速发展，农村城市化建设在全面开展，建筑规模呈现有增无减的趋势，所以对墙体材料的需求大大增加。目前，墙体材料的生产主要是以黏土为原料，这对现有土地资源是种破坏，为此运用粉煤灰替代或部分替代黏土来制备墙体烧结砖是非常有必要的，这不仅可以保护国家土地资源和实现固体废物资源化，还可带来墙体材料的改革，推动技术发展。

我国利用粉煤灰为原料生产墙体材料已经有几十年的历史和经验，先后研制成功的产品有粉煤灰空心砌块、密实砌块、粉煤灰泡沫混凝土制品、粉煤灰烧结陶粒和蒸压加气混凝土制品等。其中蒸压粉煤灰加气混凝土、粉煤灰烧结陶粒的生产和应用技术完全成熟，但其他产品则存在着不同程度的问题，仍需要进一步改善。

E 微晶玻璃

微晶玻璃是含有大量微晶相及玻璃相的一类多晶固体材料，是有特定组成的基础玻璃在热处理过程中控制晶化而得到的。因粉煤灰的主要组分是二氧化硅和氧化铝，故所得微晶玻璃是硅铝酸盐系统的，其合成方法主要有熔融法和烧结法。微晶玻璃的性能受到基础原料组成比例和热处理程度的影响。为调整粉煤灰组分含量占比，陈国华等人[32]通过在反应体系中添加石英砂、石灰石、萤石、二氧化钛，段仁官等人[33]通过引入碳酸钠和二氧化钛，何峰等人[34]引入了氧化铝，实现在满足微晶玻璃形成与析晶条件、能最大限度使用粉煤灰的情况下，获取性能优良的粉煤灰微晶玻璃。

1.2.4.3 高附加值利用

由于粉煤灰中主要成分是硅和铝，这与沸石的成分极为相似，目前国内外关于粉煤灰高附加值利用方面的研究主要集中在微孔沸石的合成领域。目前，从粉煤灰中已成功合成的沸石类型有 Na-P 型沸石、K-G 型沸石、A 型沸石、Y 型沸石及 X 型沸石等[35-38]。自 1985 年 Holler 和 Wrisching[39]开始研究至今，已发现许多合成方法，如水热合成法（两步法和微波辅助合成法等）、碱熔融法、盐热法、混碱气相法、逐步升温法和渗析-水热法等[40]。每一种方法都较前一种方法在提高粉煤灰转化率、增加沸石纯度和缩短反应时间等方面取得一定改善。其中：

（1）水热合成法主要分为一步水热合成法和两步水热合成法，一步合成法的基本步骤是将一定浓度的碱液（一般有 NaOH、KOH 溶液）与一定量的粉煤灰混合，混合液伴随均匀搅拌形成凝胶后转移到反应器皿（如不锈钢高压反应釜）中，经过一定时间的晶化、干燥后即可得沸石，有 Na-A 型、Na-X 型和 Na-P1 型沸石[41-43]，两步合成法的操作过程是将计算量的粉煤灰加入预定浓度的碱液中进行充分混合，在粉煤灰充分溶解后将混合物静置老化、过滤、洗涤，所得产品即为沸石样品[44]；

（2）碱熔融法通过在添加烧碱的条件下高温活化莫来石和石英，增加粉煤灰转化成沸石的活性硅、铝含量，这有利于提高所得沸石的纯度和粉煤灰的有效利用率，其合成过程是将一定比例均匀混合的粉煤灰与碱（NaOH、KOH）在高温下焙烧，将焙烧后的样品进行研磨后加入一定量的去离子水，搅拌均匀后进行晶化、过滤、洗涤等得到沸石产物[45-46]；

（3）盐热法可有效避免沸石合成过程中大量废液的产生，它是将活化剂（NaOH、KOH 等）与盐类（如 $NaNO_3$、KNO_3、NH_4NO_3 等）混合物作为反应介质来替代其他反应中的去离子水，再向此反应介质中添加粉煤灰进行混合，完全混合后进行焙烧、洗涤、干燥以得到沸石产品，Choi 等人[47]以 $NaOH$-$NaNO_3$ 混合物为反应介质，在适当反应条件下成功制备出方钠石、钙霞石等；

（4）渗析-水热法是通过半透膜分离粉煤灰中的有用物质，它具体是将混合均匀的粉煤灰和氢氧化钠溶液混合物放置在半透膜材质的试管中，并将此试管置入氢氧化钠溶液，从粉煤灰中溶解出的硅和铝透过半透膜进入碱液中，作为原料合成高纯度沸石[48]。

1.2.5 粉煤灰在农业生产中的应用

由于粉煤灰所具有的粒度小/容重小、质量轻和表面积大的特点，粉煤灰被用在农业生产领域中。它的添加量会增强种植植物的有效含水量和土壤的孔隙度，但会降低土壤的容重，当添加量超过25%时会使得土壤的保水能力增加，且土壤深度0~30cm内的pH值不断升高[49-52]。此外，由于粉煤灰中组分复杂，含有大量钠、钾、钙、磷、硫、镁、锰、锌等植物生长所必需的大量营养元素和微量元素，粉煤灰的引入可以较好地改善土壤的营养条件。酸性土壤中加入粉煤灰（pH值一般在4~12范围内）还可以较好地中和土壤的酸性，降低土壤中铅、铁、镍等金属离子的溶解性，减少它们对植物的毒害作用。再者，粉煤灰中不同价态铁之间发生的转化，可引发土壤中其他成分的氧化还原反应发生，这有效促进农作物的新陈代谢。综上所述，粉煤灰可用作土壤性质改良剂、造地还田和肥料等。虽然粉煤灰用于农业生产领域方面的实验研究已经很早就有了，也取得了很好的效果，但因为粉煤灰运输距离远、用量大，农业生产领域一直都没能够广泛推广使用粉煤灰，且由于粉煤灰中存在有高含量污染元素，在使用粉煤灰时应进行监测来确认污染元素是否在所容许的标准范围内。

1.2.6 粉煤灰在环境保护领域的应用

粉煤灰因其大表面积和各种较多的活性位点，常被用作废水处理过程中的絮凝剂和吸附剂等。周惜时等人[53]用粉煤灰处理生活污水中的有机废水和含磷废水，结果发现：粉煤灰可有效去除有机物COD_{Cr}和P；它们的去除主要是通过粉煤灰的较大比表面积，粉煤灰中的Al^{3+}和Fe^{3+}与污水中带负电的胶态物进行电性中和并依靠重力沉降、不溶物二氧化硅悬浮在污水中提高凝聚沉降效果这三个方式来实现；二者在吸附剂表面的吸附行为符合Freundlich等温式。此外，粉煤灰还被用作汞[54]、染料（蓝胭脂红）[55]、二价铁[56]、氟离子[57]、阴离子表面活性剂[58]、六价铬[59]和一些重金属阳离子[60]等的吸附剂。但由于粉煤灰表面积与其他吸附剂相比仍较小，含有大量稳定的玻璃体，且原始粉煤灰细度较大，所以很多研究者将注意力放在粉煤灰的改性研究中，以期通过改性手段来提高粉煤灰对吸附质的吸附性能。机械研磨和高温煅烧是最简单的物理改性方式，其中，机械研磨主要是通过研磨破坏致密结构、增加粉煤灰的细度来增加活性位点，高温活化主要是通过高温条件下改变材料相变、脱除吸附水和改变孔道结构等来改善吸附性能[61]。李沛伦等人分别用硫酸、氢氧化钠和硝酸铝来改性粉煤灰，并将所得材料用来降解选矿废水中的 COD，发现 1mol/L 硫酸改变了粉煤灰的矿物组成、表面结构和比表面积等，且硫酸改性所得材料对 COD 的降解性能最好，达到 90%[62]。其他改性方法有微波辅助碱改性法[63]、微波辅助水热法[64]、浸渍法[65]、离子交换[66]、机械化学法等，改性后粉煤灰的表面积和活性位点均有所优化，对吸附质的吸附性能也得以很好的改进。

1.3 含砷废水处理的研究进展

1.3.1 砷的来源与危害

砷（As），一种具有两性元素性质的银灰色半金属，它作为一种类金属元素广泛分布在自然界中，现已探明的含砷矿物多达数百种。在实际化工生产、矿物质开采和冶炼过程中，大量砷随着废水的排放进入环境中。我国每开采 1t 金需要带出砷 1732~20829t，每开采 1t 其他金属约带出砷 0.12~10.8t，在矿石的前处理（如选矿过程）中，大量砷被弃留在尾矿中。但由于砷回收技术落后，经济效益差，致使回收的砷不足进厂总砷量的 10%，大部分厂家将大量尾矿以堆存的方式进行处理。这些堆存、暴露于地表的含砷尾矿经淋滤和风化进入环境中，带来污染。

类金属砷是具有很强毒性的元素之一，砷和砷化物一般可通过水体、大气和食物等进入人体，并在人体肝、肺、肾、脾、皮肤、指甲及毛发等部位富集，引发人体不适，引发的病症有：

（1）急性中毒，砷对消化道有直接腐蚀作用，可引起消化道糜烂、溃疡和出血等症状，摄入量大时，可出现中枢神经系统麻痹，四肢疼痛性痉挛，意识丧失而死亡；

（2）慢性中毒，长期摄入少量砷化物可导致慢性中毒，如植物神经衰弱综合征和黑脚病等；

（3）致癌，砷被国际癌症研究机构确认为是一种致癌物，并引发多起污染事件，危害人类健康，如职业性接触砷的人和长期饮用含砷量高的饮用水的居民，其皮肤癌发病率增高[67]。

砷有两种存在形式——无机砷化物和有机砷化物，其中无机砷的毒性大于有机砷，且有机砷化物的代表性物质——单甲基砷和双甲基砷在自然环境中较易还原为气态物三甲基砷，所以关于水体中砷的有效控制主要集中在无机砷。为进一步规范水体砷含量，我国政府部门针对不同水体制定了不同标准，《生活饮用水卫生标准》（GB 5479—2006）中要求饮用水中砷含量不得超过 0.01mg/L；《地表水环境质量标准》（GB 3838—2002）明确要求Ⅰ、Ⅱ、Ⅲ类水体中砷含量不超过 0.05mg/L；Ⅳ、Ⅴ类水体中砷含量不超过 0.1mg/L；而针对工业废水，《污水综合排放标准》(GB 8978—2002)明确要求砷的最高允许排放浓度为 0.5mg/L。为实现这些标准规定，很多方法都被用来处理含砷水体，其常见的除砷方法如图 1-3 所示。

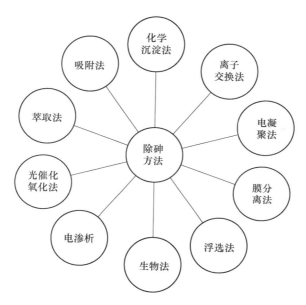

图 1-3　常见含砷废水处理方法[68]

1.3.2　化学沉淀法

化学沉淀法是废水处理中应用较为普遍和传统的方法之一。反应体系中，砷与外加沉淀剂中的离子发生化学反应生成难溶的新化合物，新化合物经沉降后从水体中分离，以达到从水体中去除砷的目的。常见沉淀剂有石灰和硫化物等。石灰沉淀法作为从工业废水中分离砷的传统手段之一［见式（1-6）］，砷最终以砷酸钙的形式沉淀下来，当废水中有其他金属阳离子存在时，去除效果基本不受影响；但当废水中阴离子存在较多时，由于 Ca^{2+} 会与阴离子相互作用，致使除砷效果明显下降。硫化物沉淀法所使用的硫化物会与废水中的砷发生反应生成硫化砷沉淀或其他难溶的硫化物，从而将砷从水体中分离出来，具体反应机理见式（1-7）和式（1-8）[69-70]。目前，硫化沉淀除砷法主要用在酸度较高的废水处理中，如冶炼行业产生的污酸废水，其对砷的去除率较高，可达 99% 以上。总的来看，沉淀法去除污染物的技术较为完善，现阶段仍然是处理工业废水的一种主要方法，可在去除污染物的同时降低溶液中的部分酸度，但由于产生的难溶物量大且成分较为复杂，现阶段还没有成熟的处理技术，这增加了后期处理难度，并易引发二次污染问题。

$$2AsO_4^{3-} + 3Ca^{2+} \longrightarrow Ca_3(AsO_4)_2 \downarrow \qquad (1\text{-}6)$$

$$2AsO_4^{3-} + 5S^{2-} + 16H^+ \longrightarrow As_2S_5 \downarrow + 8H_2O \qquad (1\text{-}7)$$

$$2AsO_2^- + 3S^{2-} + 8H^+ \longrightarrow As_2S_3 \downarrow + 4H_2O \qquad (1\text{-}8)$$

1.3.3 离子交换法

离子交换法一般是指在液相体系与离子交换剂接触过程中，体系中的离子与交换剂中带有相同电荷的离子之间发生的交换，从而实现使污染物从液相体系中分离并有效固定在交换剂上的目的。一般情况下，离子交换法被认为是一种特殊的吸附。在离子交换法除砷的过程中，由于砷在水体中是以阴离子形式存在，所以常用的交换剂是阴离子交换剂，如硫化树脂、N-甲基咪唑阴离子交换树脂、螯合离子交换树脂和阴离子交换纤维等。其中，阴离子交换纤维除砷时，其最大As（V）容量为285mg/g[71]；螯合离子交换树脂对As（Ⅲ）有较好的交换能力，且废弃的饱和树脂可以通过含硫化物的氢氧化物溶液来实现其再生，交换下来的高浓度含砷溶液有利于砷的回收利用[72]。总的来看，离子交换法除砷效果好、处理量大，有利于砷的回收与利用，但去除效果受体系中其他溶解物或污染物的影响，甚至交换剂会被一些悬浮微粒堵塞。因此，离子交换法不适宜处理复杂水体，即待处理水体在进入交换柱或交换床之前需要进行预处理，以去除体系中的其他杂质。

1.3.4 电凝聚法

电凝聚法被用来通过电解与絮凝过程处理很多种水体。在去除过程中，体系中的金属电极（铝或铁）在直流电作用下电解失去电子，产生大量金属阳离子——Al^{3+}、Fe^{3+}和Fe^{2+}，而失去的电子进入水溶液中形成氢氧根，金属阳离子与氢氧根发生反应生成氢氧化物[$Al(OH)_3$和$Fe(OH)_3$等]，所得氢氧化物可作为絮凝剂与污染物砷发生作用，并生成砷酸或亚砷酸盐，具体反应机理见式（1-9）~式（1-13）。很明显，As（V）和As（Ⅲ）都可以通过电凝聚法进行去除。

$$AsO_4^{3-} + Fe(OH)_3 \longrightarrow FeAsO_4 \downarrow + 3OH^- \qquad (1\text{-}9)$$

$$AsO_3^{3-} + Fe(OH)_3 \longrightarrow FeAsO_3 \downarrow + 3OH^- \qquad (1\text{-}10)$$

$$AsO_4^{3-} + Al(OH)_3 \longrightarrow AlAsO_4 \downarrow + 3OH^- \qquad (1\text{-}11)$$

$$AsO_3^{3-} + Al(OH)_3 \longrightarrow AlAsO_3 \downarrow + 3OH^- \qquad (1\text{-}12)$$

$$2AsO_4^{3-} + 3Fe^{2+} \longrightarrow Fe_3(AsO_4)_2 \downarrow \qquad (1\text{-}13)$$

在电凝聚法除砷的方案中，砷去除率受到多种因素的影响，其中电极类型、溶液pH值和电流密度是影响较大的三个因素。有研究表明[73]：铁、铝电极对砷的去除性能取决于溶液pH值；铁电极作用下，砷去除率随着反应体系溶液pH值在

4.5~8.5 范围内的增加而提高；铝电极作用下，砷去除率随着体系溶液 pH 值在 5~9 范围内的增加而降低；在同一电流密度 2.5A/m² 作用下，铁电极对砷的去除量为 $1.57×10^{-6}$ mol，铝电极对砷的去除量为 $1.90×10^{-6}$ mol。此外，还需要注意在进行电解反应时，必须控制废水溶液的 pH 值不超过 10，以防止氢氧根与砷酸根或亚砷酸根发生置换反应，反而造成其中一部分砷溶于水。

1.3.5 膜法

与前述三种常见方法相比较，膜法除砷是利用特殊半透膜的选择透过性来对污染物进行去除，它属于物理除砷法，分离中不发生相变，也不添加化学试剂。根据膜孔径大小，现有膜技术有电渗析、反渗透、微滤、纳滤和超滤等分离、纯化和浓缩过程，它们在除砷过程中不改变砷的化学形态，但它利用外界压力使进料与渗透侧产生压力差，以此来实现目标物与水溶液的有效分离。目前关于膜分离法去除目标污染物提出的机理有筛分理论、溶解-扩散理论、吸附理论和电荷排斥理论等。其中筛分理论和溶解-扩散理论表明，溶质和溶剂因为在膜中的溶解和扩散作用而不同程度地透过膜，而溶质的透过能力取决于溶质在溶剂中的扩散系数；吸附理论是用来阐述纳滤膜对离子和分子的截留；由于纳滤膜表面也会存在"临界电位"，所以当含砷水体 pH 值大于"临界电位"值时，膜呈现负电荷，会与带负电荷的砷离子产生电荷排斥。

膜法除砷过程中不需要添加其他化学试剂，且没有二次污染问题，整个操作体系是在常温环境下进行，相对更加节能和环保；但膜组件的成本较高，膜污染问题和膜通量问题也存在。此外，由于实际水体的复杂性，使得单一的膜法除砷技术并不能达到预期的去除效果，为了更好地去除目标污染物，很多情况下都是与其他技术联合使用，Han 等人[74]用絮凝沉淀-微滤法去除砷，研究表明在微滤过程前加入絮凝沉淀反应可有效提升砷的去除能力，但是其去除性能受废水 pH 值及共存阴离子的影响。

1.3.6 电渗析法

电渗析是废水中的阴、阳离子在直流电场的驱动下分别向阳极和阴极两个方向定向迁移，迁移中要经过一些交替排列的阴、阳离子选择性透过膜，并形成离子浓度减少的淡室和浓度增加的浓室，同时在两电极发生氧化还原反应。其对砷的去除效果较好，Mendoza 研究表明，电渗析技术除砷后的出水达到饮用水标准，砷含量小于 $10\mu g/L$[75]。此外，壳聚糖交联膜[76]也被用在含砷水处理中，发现阴阳两极较大差的 pH 值和电压都会影响吸附质的分离效率。在实际应用中，阴极由于溶液呈碱性而出现结垢现象，阳极由于溶液呈现酸性而出现腐蚀现象。Aliaskari 等人用电渗析法处理带有不同电荷数的硝酸根、氟离子和砷酸根，通过改变反应操作参数发现，污染物去除效果受离子特性的影响较大，如离子的扩散系数、离子迁移率和水合数等，由于 As（V）在碱性环境下以双价和三价形态存在，具有低的扩散系数和高的水合数，可使其去除率降低[77]。

此法的优点在于整个反应过程中不需要额外添加化学试剂、操作简单，但其耗电量较大、对设备有一定的腐蚀、且水处理能力小。

1.3.7 生物法

生物法对水中重金属的去除主要是选用对重金属有强耐受力的生物来进行反应，反应机理有吸附、催化转化、沉淀和配合作用等。即通过生物将水体中的砷进行富集与浓缩，再将其进行氧化与甲基化，使水溶液中的无机砷转化为有机砷，如甲基砷、二甲基砷和三甲基砷等。由于无机砷的毒性远大于有机砷，生物法对砷的去除主要是通过降低砷毒性的方法来实现的。

目前常见的生物法除砷技术有活性污泥法、菌藻共生体法和植物法等。其中：

（1）活性污泥法除砷主要是通过表面吸附和胞内吸收，表面吸附主要是因为细胞壁上含有可与砷离子发生相互作用的羟基官能团，胞内吸收是指细胞表面的酶与砷相结合、砷离子进入细胞内转化为有机砷；砷去除效果受砷价态、污泥种类、污泥浓度、溶液 pH 值和接触时间等因素的影响。

（2）菌藻共生体法对砷的去除是通过藻类和细菌共同作用而实现的，这个共生体表面含有大量羟基、羧基、氨基和巯基等功能性基团，这些基团均可与砷发生相互作用，作用到表面的砷再逐渐渗入细胞内原生质中实现无机砷向有机砷的转变[78-79]。

（3）植物法是在河流和地下水中砷超标的环境中种植植物，将废水中的砷富集到植物体内进行甲基化，现可用于除砷的植物有水葫芦、柳树、海藻和水浮莲等[80]。

（4）生物吸附剂，它是通过采用壳聚糖、纤维素和植物提取物等生物质作吸附剂以达到去除水体中砷的目的。

1.3.8 催化氧化法

无机砷中 As（Ⅲ）的毒性大于 As（V），但由于 As（Ⅲ）在水体中大多数情况下以稳定的 H_3AsO_4 分子形式存在，As（Ⅲ）较难去除。目前关于 As（Ⅲ）的去除主要是通过氧化法将其转变为低毒的 As（V）实现的。催化氧化法通过添加催化剂降低氧化反应所需要的能量、缩短反应时间等，从而加快氧化过程。范荣桂[81]用空气-活性炭催化氧化法对磨矿含砷废水进行工程试验发现：空气-活性炭催化氧化对 pH 值为 3.2 废水中砷的去除效果明显优于活性炭，究其原因是低价态 As（Ⅲ）被氧化为 As（Ⅴ），砷在此溶液环境中的存在形式也从分子形态转化为阴离子形态，这有利于静电作用的增强。金林峰[82]用磁性 Fe_3O_4@Cu/Ce 微球来催化氧化-共吸附 As（Ⅲ），吸附容量高达 139.19mg/g。Dutta 等人[83]采用光催化氧化法（UV/TiO_2 体系）来去除 As（Ⅲ），结果表明：反应体系中的硝酸盐经光分解产生羟基自由基（·OH），As（Ⅲ）被羟基自由基氧化成 As（Ⅴ），砷最终以 As（Ⅴ）的形式吸附到 TiO_2 表面。目前关于光催化氧化除砷研究主要集中在紫外光源，对于可见光的效果研究并不多。催化氧化法在含砷水处理中一般应用在预处理阶段，为实现有效除砷的目的，通常是催化氧化法配合其他技术一起来运用。

1.3.9 浮选法

从本质来看，浮选法除砷也是一种固液分离技术，通过添加可与污染物相作用的药剂来获得疏水特性的物质，并在液-气界面聚集。通过添加药剂的类型和药剂与污染物间作用方式的不同，浮选可分为离子浮选、沉淀浮选和泡沫浮选等。其中，离子浮选是指加入的浮选药剂与砷具有相反电荷（如十二烷基硫酸钠为捕收剂、氢氧化铁为絮凝剂[84]），经静电作用或化学作用反应后生成难溶沉淀物或者可溶性络合物，这些生成物在浮选设备中黏附在上浮的气泡表面，随着气泡漂浮到水体表面，实现砷与水体的分离；沉淀浮选是指砷离子先转化为沉淀物，再利用浮选药剂表面活性剂对沉淀颗粒进行疏水化来进行分离；泡沫浮选法中表面活性剂起到捕收剂和起泡剂的双重作用，而表面活性剂的类型对去除效果的影响较大。

1.3.10 萃取法

在废水分离和水中污染物去除领域中应用最多的是液液萃取，即在待处理水体中加入有机液体萃取剂构成新的反应体系，通过利用反应体系中各组分在液体萃取剂中的溶解度不同，从而将目标成分分离出来。萃取法处理含砷废水主要是利用砷在互不相溶的两个液相组分中的分配系数不同而达到从水体中分离砷的目的，主要适用于水量小、浓度高的含砷水体。目前常见的液体砷萃取剂有二异丁基甲酮（DBK）、双（2-乙基己基）磷酸（D_2EDTPA）、磷酸三丁酯（TBP）、乙酰胺和 cyanex 923 等。其中，TBP 常用于处理硫酸（HR）体系中的 As（Ⅴ）萃取，萃取反应机理见式（1-14）；D_2EDTPA 常用于处理硫酸（HR）体系中的 As（Ⅲ），在无强氧化剂状态下，它对 As（Ⅲ）表现出良好的萃取作用，萃取反应机理见式（1-15）。在应用中，由于单一萃取剂的砷萃取率仍然没有达到应用者的目标值，所以有研究者逐渐提出了混合萃取剂的思路，如林国梁等人[85]将 TBP 和 D_2EDTPA 两种萃取剂混合得到新的有机相 35% D_2EDTPA+15%TBP+磺化煤油，在新的混合有机相进行协同萃取砷过程中发现，混合萃取的砷分离效果优于单一萃取剂的砷萃取效果。

$$As(V) + 5HR \longrightarrow AsR + 5H^+ \qquad (1-14)$$

$$As(Ⅲ) + 5HR \longrightarrow AsR + 5H^+ \qquad (1-15)$$

虽然萃取法具有操作简单、来源方便和除砷效果好等优点，但其主要适用于强酸环境下的（氟硅酸和硫酸等[86]）高浓度含砷水处理，且处理水量较小，所以目前仍没有取得大规模的应用。

1.3.11 吸附法

吸附法除砷主要是利用砷与吸附剂表面活性位点之间的相互作用来进行砷的分离。这种相互作用一般可分为物理作用和化学作用，其中物理作用是指依靠分子间作用力或阴阳离子间的静电吸引力而实现的砷吸附分离，其结合力较弱，如水中重铬酸根在 Zr-有机骨架材料表面的吸附[87]和染料在双功能 Cu-MOF 表面的吸附[88]等；化学作用主要是指吸附质与吸附剂之间发生了电子转移、交换或者配对共有等，并形成新的化学键，如巯基树脂通过离子交换和配位反应吸附重金属离子 Pb^{2+}、Cu^{2+}、Cd^{2+}、Ni^{2+} 和 Co^{2+}[89]。一般情况下，在某一具体的吸附反应中，吸附质的吸附分离过程往往同时包括物理作用和化学作用两种，但是其主导作用机制是需要进一步分析确定的，主要受吸附质、吸附剂类型和吸附液 pH 值等的影响。如 pH 值小于 2 条件下，砷在氧化铝表面的吸附主要是分子间范德华作用力；2<pH<8.3 范围内，As（V）在氧化铝表面主要是正负电荷的静电吸引，As（V）在硫酸铁修饰氧化铝表面主要以离子交换为主[90-91]。

吸附法对污染物的去除效果受到较多因素的影响，包括吸附剂种类及其结构特性、吸附溶液的 pH 值、吸附质浓度、吸附剂投加量和反应体系温度等。其中最关键的因素之一就是吸附剂本身结构及性质，有研究表明活性炭纤维的吸附能力优于活性炭颗粒，介孔氧化铝对 As（V）的吸附能力高于传统活性氧化铝[90]。此外，溶液 pH 值是影响砷去除性能的另一重要影响，如氧化铝去除砷的有效 pH 值范围为 4~6，在其他条件下的砷去除效果不好[90]。在吸附法处理含砷废水研究中，为进一步提高砷的去除效果，人们致力于探索、研发新吸附剂，现已报道的吸附剂有：单一活性炭、生物炭和碳纳米管的碳基材料，沸石、黏土等其他矿物质，铁氧化物、铝氧化物等一些金属（氢）氧化物，树脂材料，工农业废弃物及其他一些生物吸附剂；还有复合型吸附材料，如巯基修饰氧化铝、有机金属框架材料、柠檬酸铁修饰粉煤灰和 Al 修饰 SBA-15 等[3,92-93]。其中，每种吸附剂的国内外研究进展将会在后面 1.4 节中进行具体阐述。

总的来看，吸附法是一种去除污染水体中重金属的有效、经济且环保的方法，该方法对操作设备的要求较为简单、操作方便，处理过程中无二次污染，不产生或产生少量的污染物。

1.4 吸附剂的研究进展

吸附法因其吸附操作简单、去除效果好、抗干扰能力强、吸附剂来源广泛、吸附剂可循环使用和不产生或产生少量污染物的特点而受到人们关注。在众多吸附除砷性能影响因素中，吸附剂种类和其结构性质是其中最主要的影响因素之一。现阶段，国内外有报道的吸附剂种类有以下几种。

1.4.1 碳基吸附剂

碳基材料包括活性炭、生物炭、碳纳米管等。它们因为多孔、有大表面积和表面官能团多等特点而被用作吸附材料。

（1）活性炭。活性炭是一种吸附性能优良的常见吸附剂，其生产来源非常广泛，有木材、果壳、煤炭、水葫芦、秸秆、螃蟹壳、板蓝根茶渣等动植物残体。由于活性炭表面积巨大，孔隙结构丰富，表面含有大量羟基、羧基和酚羟基等官能团，来源广泛，去除效果好等优点，被人们应用在废水处理中。在含砷水处理中，不同形貌和不同试剂改性的活性炭均被用作砷吸附剂来进行含砷水处理。Hugo 等人[94]用 14×20 筛孔的活性炭颗粒来吸附水体中的砷，研究发现 As（V）和 As（Ⅲ）通过物理作用吸附在活性炭颗粒表面，As（Ⅲ）吸附性能在 pH 值为 0.16~3.5 范围内没有变化，As（V）吸附性能在 pH 值为 0.86~6.33 范围内发生较大变化，pH 值为 2.35 时吸附容量最大。Lee[95]用活性炭纤维来吸附砷，通过固定床实验发现其吸附容量为 0.18mg/g。公绪金[96]制备出中孔型活性炭，其在 pH 值为 4.0~8.0 范围内对 As（Ⅲ）和 As（V）都表现出较好的去除效果，且除砷效果明显优于普通活性炭。由于活性炭的大比表面积非常适于做载体，随着改性技术的不断发展，研究者对活性炭进行了大量改性和修饰研究。Borah 等人[97]用 20%HNO_3 和 20%H_2SO_4 对活性炭进行改性，经 FT-IR 表征发现，改性后材料出现含氧官能团—COOH 和—SO_2OH，活性炭的等电点也从原来的 6.4 降至 3.7，其在酸性环境下对砷表现出较好的去除效果。此外，由于铁的亲砷性，铁盐 $FeCl_2$、$FeCl_3$、$FeSO_4 \cdot 7H_2O$ 和 $Fe(NO_3)_3$ 被用作前驱体来改性活性炭，研究发现，Fe-C 复合材料对砷的吸附容量会随着添加铁盐量的增加而增加，且已吸附砷的解析率高达 80%，但存在吸附剂中已固定的部分铁浸出、释放在吸附液中的问题，所以需要进一步将铁固定在吸附剂表面或者从溶液中去除超标铁的措施[98-101]。此外，为进一步增加活性吸附位点，Manju 等人[102]将铜浸渍在活性炭表面来吸附去除 As（Ⅲ），由于材料表面羟基—OH 官能团的增多，改性活性炭对 As（Ⅲ）的去除率明显增加，其工作的最优 pH 值为 12.0，且废弃吸附剂可通过含有 30% H_2O_2 的 0.5mol/L HNO_3 来实现解吸和再生使用。Daus 等人[103]将亲砷性锆也用来负载活性炭，负载后所得复合材料对 As（Ⅴ）的吸附能力大于原始活性炭，但其对 As（Ⅲ）的吸附能力却低于改性前活性炭。除前述提及的无机物改性活性炭之外，有机物阳离子表面活性剂十六烷基三甲溴化铵、癸基三甲基溴化铵和三甲基正十四烷溴化铵被用作活性炭改性剂，研究发现改性后材料对砷的吸附行为主要是通过离子交换来实现的[104-105]。

（2）生物炭。生物炭是生物质在缺氧或者绝氧环境中，经高温裂解产生的固态产物，因其富含大量官能团而被用作吸附剂。生物炭对吸附质的吸附性能随着表面官能团的变化会发生很大变化，而表面官能团会随着裂解温度的不同而发生变化。Niazi 等人[106]用从紫苏叶中得到的生物炭（BC）来吸附砷，研究发现各温度下（300℃和700℃）所得 BC 对砷的吸附亲和性遵循 BC-700℃-As（Ⅲ）>BC-700℃-As（Ⅴ）>BC-300℃-As（Ⅲ）>BC-300℃-As（Ⅴ）的顺序，吸附容量在 3.85~11.01mg/g 范围内；就 700℃所得生物炭分析吸附机理发现，砷在生物炭表面的吸附机理是表面络合和沉淀作用，其中已吸附的 As（Ⅴ）中有 64% 被还原为 As（Ⅲ），已吸附的 As（Ⅲ）中有 37%~39% 被氧化为 As（Ⅴ），即生物炭表面同时含有氧化和还原位点。为在生物炭基础之上进一步提高砷吸附能力，研究者还研发出新的复合型生物炭，并将其用在含砷水分离中，如 Wang 等人[107]从松木和赤铁矿中制备出的磁性生物炭、Liu 等人将铝浸渍在生物炭表面[108]、于志红等人[109]合成出的生物炭-锰氧化物复合材料、铁改性生物炭和铁-锆改性生物炭[110]等。

（3）碳纳米管。碳纳米管具有大的长径比、可调节的空腔结构和边界效应，此外还有大的比表面积和高热稳定性，因此被用作吸附剂载体。彭长宏等人[111]将 4 种离子液体 1-己基-3-甲基咪唑六氟磷酸盐离子液体、1-丁基-3-甲基咪唑六氟磷酸盐离子液体、N-甲基、丁基单氮杂-15-冠-5 溴化季铵盐离子液体和 N-甲基、乙基单氮杂-15-冠-5 溴化季铵盐离子液体碳分别负载在碳纳米管上，在用它们进行除砷实验研究中看到离子液体改性可大幅度提高碳纳米管对 As（Ⅲ）和 As（Ⅴ）的去除性能，负载氮氧杂冠醚型离子液体复合材料对砷的去除效果优于常规咪唑型离子液体-碳纳米管复合材料的，冠醚结构中取代烷基链的长度对砷去除也有一定的影响。Li 等人[112-113]用阳离子表面活性剂——十六烷基三甲基溴化铵来功能化碳纳米管，将含氧官能团—COOH、—OH 或—C＝O 嫁接在碳纳米管表面，研究发现碳纳米管浓度、表面活性剂浓度、As（Ⅴ）浓度、溶液 pH 值和共存离子浓度等因素对 As（Ⅴ）在多壁碳纳米管上的吸附效果有影响，当纳米管浓度为 10g/L，表面活性剂浓度为 22.5mg/L，样品 pH 值为 5~6，As（Ⅴ）的初始浓度为 100ng/mL 时，吸附效果最好。

1.4.2 金属类吸附剂

炭类吸附剂之外的另一个传统吸附剂就是金属类吸附剂,主要有矿物材料和金属(氢)氧化物。其中,常见的矿物吸附剂有天然矿物(含铁或锰)、黏土和它们的改性材料,金属(氢)氧化物吸附剂主要是亲砷性铝、铁、锰、钛等金属的单一(氢)氧化物和它们的复合物。

1.4.2.1 天然矿物

天然矿物因为来源广泛、成本较低而被认定为潜在的吸附材料。由于铁对砷的高亲和性,邵金秋等人[114]用天然含铁矿物赤铁矿、褐铁矿、菱铁矿、钛铁矿和磁铁矿对砷的吸附-解吸效果进行研究,结果表明:它们对As(Ⅲ)的最大吸附容量分别为 1.21mg/g、3.86mg/g、3.47mg/g、1.08mg/g、1.13mg/g,对As(Ⅴ)的最大吸附容量分别为 0.21mg/g、2.99mg/g、1.10mg/g、0.40mg/g、1.21mg/g,即相对而言,铁矿石对As(Ⅲ)的去除能力大于对As(Ⅴ)的去除能力。废弃砷吸附剂经 0.01mol/L 的 NaH_2PO_4 解吸后发现,钛铁矿和磁铁矿的砷解吸率大于褐铁矿和菱铁矿的,钛铁矿和磁铁矿的As(Ⅴ)解吸率大于80%,褐铁矿和菱铁矿的As(Ⅲ)和As(Ⅴ)解吸率都小于32%。Chakravarty等人[115]用软锰矿($\beta-MnO_2$)吸附分离地下水中的As(Ⅲ)和As(Ⅴ),其在pH值为2~8的范围内可有效去除水中的砷,但其吸附能力受溶液pH值影响较大。沸石是一种硅铝酸盐矿物,天然沸石由于骨架中 Si^{4+} 被 Al^{3+} 取代而形成了一个带负电荷的中心,因此可吸附阳离子来平衡电荷,但因为其表面富含大量羟基官能团,以及铝对砷的高亲和性,天然沸石对砷也表现出一定的吸附能力。有研究证明,天然斜发沸石在pH值为3.0条件下对40℃水体中As(Ⅲ)的吸附容量达 22.5mg/kg[116]。后来,为进一步提高天然沸石的性能,亲砷性物质La[117]、Ce[118]和Fe[119]等被用来做沸石改性剂,改性后沸石对砷的吸附性能明显提高。Chutia等人[120]通过调整结构,人工合成了有较高吸附性能的H-MFI-24和H-MFI-90沸石,它们对As(Ⅴ)的最大单分子层吸附容量高达35.8mg/g和34.8mg/g。

1.4.2.2 黏土矿物

黏土矿物是一类含水层状铝硅酸盐矿物,其表面积较大,有良好的离子交换性。传统黏土中高岭土、蒙脱石和伊利石是有效的As(Ⅴ)吸附剂,它们除砷的最优pH值环境分别为5.0、6.0和6.5,最大单分子层吸附容量是0.15~0.22mmol/kg[121]。彭书传等人[122]通过水热沉淀法成功制备了层状结构的镁铝阴离子黏土材料,可通过其层间离子交换作用进行砷吸附,吸附平衡数据符合Freundlich型吸附等温式,吸附饱和的砷可用稀碳酸钠溶液实现其解吸和吸附剂的再生。凹凸棒石也是镁铝硅酸盐矿物之一,但其对重金属离子的低选择性使其对重金属的分离效果较低，为此很多人选择对其进行改性研究。李箫宁和李檬[123]在酸化基础上，用氯化铁和氯化亚铁为铁源制备了三氧化二铁负载的凹凸棒石，改性后凹凸棒对砷的吸附能力明显增加，它尤其对低浓度砷离子表现出很好的去除效果。

1.4.2.3 铁（氢）氧化物

铁基材料因其对砷的高亲和性和易分离特性而被用作砷吸附材料，其中常见的有羟基氧化铁、氧化铁、四氧化三铁、氢氧化铁和零价铁等。羟基氧化铁表面富含大量羟基，在溶液 pH 值小于其等电点 7.3 时，羟基氧化铁通过羟基质子化带大量正电荷而静电吸引水体中的阴离子砷，最大吸附容量达到 263.72mg/g[124]。四氧化三铁作砷吸附剂时，发现改变材料合成方法可有效调整材料 Fe_3O_4 表面的羟基和表面路易斯酸性位点，由于铁羟基和路易斯酸性位点都可与砷发生作用，这两个位点的增多可有效提高材料对砷的吸附能力，吸附容量达 49.6mg/g[125]。用氢氧化铁来吸附砷（pH=3）时，材料表面会有少量砷酸铁晶体沉淀存在，且砷在材料表面的平均密度对砷在废弃吸附剂表面的存在形态有影响；但在中性条件下进行吸附反应后，材料表面没有砷酸铁沉淀，砷以配位络合的形式吸附在材料表面[126]。梁美娜等人[127]用均匀沉淀法和溶胶-凝胶相转移法分别得到了不同结构的纳米氧化铁，发现它们对低浓度砷有较好的去除能力，但氧化铁颗粒的团聚会造成其吸附性能的显著降低。而在铁系材料中，易团聚的还有纳米零价铁，为克服其团聚，改性技术被用来修饰纳米零价铁，如引入另一金属（镁[128]）、表面活性剂[129]和聚乙烯吡咯烷酮[130]等，这几种方法虽然改善了材料的团聚，但同时也增加了材料成本或引入新的有机污染物。故此，研究者提出用硫化技术来改善其团聚，研究发现，硫化技术的确能改善铁的团聚问题，并在硫化过程中新增了活性位点 FeS，在砷吸附过程中发现，硫的引入可有效降低零价铁中铁的释放——铁释放量从 7.68mg/L 降低到 1.95mg/L，它可通过共沉淀、静电吸引和氧化还原机制来去除砷，砷去除率从 89.1%增加到 94.5%[131]。

1.4.2.4 铝（氢）氧化物

铝系材料是吸附质有效分离的一个重要吸附材料。活性氧化铝是传统的铝系材料，由于其比表面积大、亲砷性位点多和结构稳定等特点而被用作重金属吸附剂。在用活性氧化铝除 As（Ⅲ）时发现，As（Ⅲ）主要通过内扩散和表面吸附作用吸附到活性氧化铝上，其去除性能受反应体系中各因素的影响，如溶液 pH 值、反应时间、体系温度等，最优除砷的 pH 值是 7.6，去除率随温度的升高而降低[132]。为进一步提高吸附容量、增加活性位点，金属盐硫酸铝[133]、硫酸亚铁[134]被用作改性剂嫁接在氧化铝表面，嫁接过程中各因素的改变会改变材料的结构性质（如降低氧化铝表面积和孔容等），但其有效除砷的 pH 值范围变宽，即达到 3.5~8。稀土（La、Y、Sm、Pr、Ce）改性氧化铝颗粒后发现，各氧化铝对 As（Ⅴ）的吸附能力依次为 Y-改性的>La-改性的>Pr-改性的>Sm-改性的>Ce-改性的，As（Ⅴ）在 Y-改性氧化铝颗粒表面的吸附行为属于 Langmuir 单分子层吸附，最大吸附容量为 11.23mg/g[135]。有机官能团巯基被引入氧化铝表面来实现无机氧化铝的有机功能化，所得有机-无机复合材料对 As（Ⅲ）的吸附能力随巯基量的增加而增加，吸附容量提高了 30%~150%[136]。随着材料领域的发展，介孔三维材料应运而生，其可调的孔结构有利于分子在材料内运输、扩散，其大比表面积可增加材料内表面活性位点的暴露和使用，所以研究者将其用在催化、裂解、吸附分离等领域中。Kim 等人[137]用阴离子表面活性剂硬脂酸和有机物仲丁醇铝分别为模板剂和铝源成功合成出介孔氧化铝（表面积为 307m²/g，孔径为 3.5nm），在其砷吸附实验研究中发现，介孔氧化铝对砷的 As（Ⅴ）和 As（Ⅲ）吸附容量分别为 121mg/g 和 47mg/g，是传统活性氧化铝的 7 倍多，吸附平衡时间从传统活性氧化铝的 2d 缩短到 5h。此后，还有研究者通过改变模板剂类型（非离子表面活性剂 P123、F127，阳离子表面活性剂十六烷基三甲基溴化铵等）和铝源种类（异丙醇铝、硝酸铝等）来调整所得介孔氧化铝的表面结构性质和吸附性能[138]。由于介孔材料的大表面积特点，以介孔氧化铝为载体，在其表面负载其他吸附砷的活性位点可有效提高吸附能力，如负载稀土 Y 到介孔氧化铝表面后 As（Ⅴ）吸附容量提高了 0.7 倍，嫁接硫酸铁在介孔氧化铝表面后 As（Ⅴ）吸附容量是之前的 2.63 倍[139,91]。有研究者为进一步开发铝对砷的吸附能力，将铝以高分散的形式嫁接在介孔分子筛 SBA-15 和 MCM-41 上，铝的高分散性有利于活性位点 Al—OH 的暴露和增加其接触吸附质砷离子并与之发生反应的机会[140]，这可进一步提高铝对砷的吸附性能。砷与铝氧化物的吸附机制主要有：酸性环境下，铝氧化物表面羟基官能团质子化带正电，砷酸根阴离子通过静电作用吸附到铝氧化物表面实现砷的有效分离；碱性环境下，铝氧化物表面脱质子化带负电荷，砷酸根阴离子与带负电荷的吸附剂相互排斥，但是它们可通过离子交换将砷离子吸附到铝氧化物表面实现砷分离，但这种离子交换能力较弱，甚至两性氧化物氧化铝在此环境下溶解性增强，致使吸附剂结构破坏。

1.4.2.5 锆氧化物

锆也是高砷亲和性元素之一，且由于纳米材料所特有的大表面积，研究者就纳米锆氧化物对砷的吸附性能进行了考察研究[141]。喻德忠等人[142]用溶胶-凝胶法合成了纳米二氧化锆，并用其吸附水体中的 As（Ⅲ）和 As（Ⅴ），其在 pH 值为 1~10.0 的范围内均可有效吸附废水中的砷，对 As（Ⅲ）和 As（Ⅴ）的去除率均可达到 98%，已吸附在二氧化锆表面的砷可通过 0.5mol/L 的 NaOH 完全洗脱。Kiril 等人[143]用浸渍法得到了单斜晶的四角晶形纳米二氧化锆，并对其进行了动态床穿透考察。日本北海道大学的研究中心于 20 世纪末成功地用超微结构金属锆来去除地下水和半导体厂废液中的砷，处理发现锆更容易与砷相互结合，其对砷的去除能力是活性炭的10倍、是活性铝的5倍[144]。Han等人[145]用十二烷基硫酸钠同时作为模板剂和硫源研制出硫酸化介孔氧化锆并将其用作砷吸附剂，吸附剂在溶液pH值为2~10的范围内均可有效去除砷，同时反应后体系pH值出现下降趋势，pH值下降到1.9~4.5范围内，通过吸附能计算和分析砷在不同pH值条件下的存在形式发现，材料表面的硫酸氢根可与水体中的砷酸一氢根和砷酸二氢根发生离子交换以进行砷吸附，其对砷的吸附能力显著提高，经计算其最大吸附容量为99.23mg/g。

1.4.2.6 钛氧化物

二氧化钛是生产最广泛的纳米金属氧化物之一，其特殊的能带结构使其成为一个性能优良的光催化剂。纳米二氧化钛光催化剂主要被用来减少一甲基砷酸和二甲基砷酸，分析发现，自然光条件下纳米二氧化钛可催化少量有机砷，但在紫外光条件下可使水体中的砷近乎100%的转化，自然光下一甲基砷酸和二甲基砷酸分别转化为As（V）和一甲基砷酸，紫外光条件下全部转化为As（V）；此外，纳米二氧化钛对As（V）表现出较强的吸附能力[146]。Pena等人[147]采用硫酸钛成功制备出比表面积为330m^2/g、孔体积为0.42cm^3/g的纳米TiO_2晶体，实验研究发现，在有光照、溶解氧和pH值为4~13的条件下，TiO_2可迅速将As（Ⅲ）氧化成As（V），并对As（V）表现出一定的吸附能力。聂晓等人[148]就二氧化钛（201）晶面上的砷吸附行为进行考察发现，其对As（Ⅲ）的吸附行为不受溶液pH值的影响，As（V）去除率随pH值的升高而降低，砷吸附行为属于单分子层吸附，As（Ⅲ）最大吸附量为0.407mmol/g，As（V）最大吸附量为0.197mmol/g。

1.4.2.7 锰氧化物

上述材料除钛氧化物可有效氧化As（Ⅲ）和同时吸附As（V）之外，其他材料中大多数只对As（V）表现出较好的去除能力。此外，由于二氧化钛的氧化过程需要添加外来光源，而水体的颜色会影响紫外光的作用，需要研发新的氧化和吸附材料。二氧化锰独特的化学组成及物理化学性质使其具有良好的氧化与吸附性能[149]。梁慧峰等人[150]用MnO_2来处理As（Ⅲ）溶液时证明，MnO_2不需要额外添加氧化剂和光源就能较好地去除As（Ⅲ）。在二氧化锰的各晶型中，常见的有α、β、γ和δ等形态，晶体形态不同会影响材料的比表面积大小、表面电荷数和吸附性能，其中δ-MnO_2的比表面积大、化学活性大、吸附性能优良。赵安珍等人[151]用δ-MnO_2来氧化水体中的As（Ⅲ）时发现，δ-MnO_2和商业MnO_2均可将As（Ⅲ）氧化成As（V），δ-MnO_2对As（Ⅲ）的氧化率（大于90%）远高于商业MnO_2（约10%左右）；当初始As（Ⅲ）浓度小于0.6mmol/L时，δ-MnO_2可吸附40%以上的砷，商业MnO_2对砷的吸附量仅为1%左右。Manning等人[152]用$KMnO_4$为锰源合成出MnO_2并用其做除砷材料，研究发现As（Ⅲ）在Mn^{4+}的作用下被氧化成

As（Ⅴ），同时氧化还原反应也在吸附剂表面提供了新的吸附位点；其扩展 X 射线精细结构表明，As（Ⅴ）-Mn 的原子间距离是 0.322nm，即 As（Ⅴ）被吸附在 MnO_2 表面。

总的来看，上述几种类型的金属吸附材料对砷都表现出较好的吸附性能，但其吸附机制和活性位点有所不同，为进一步提高金属材料表面的可用活性位点、发挥不同材料的协同作用，复合材料被引入在含砷水处理中。例如，Zhang 等人[153]合成出 Ce-Fe 双金属材料，在其砷吸附过程中发现，此复合材料对砷的吸附能力是单一氧化铁和氧化铈材料的 4~5 倍；张学洪等人[154]合成出不同铁、铝比例的复合铁铝氢氧化物，研究发现当铁/铝质量比为 0.7∶0.3 时所得复合材料的砷处理效果最好，最大吸附容量为 0.7901mol/kg；还有 Ce-Ti[155]、Fe-Ti[156]、Ce-Fe[157]、Fe-Mn[158,159]、Fe-Zr[160,161]和 Al-Mn[162]等复合氧化物，以及具有层状结构的 Al-Mg 硝酸型[163]和碳酸型[164]氢氧化物等，它们对砷的去除性能都优于其相应的单一金属氧化物。

1.4.2.8 有机金属框架材料

有机金属框架材料简称为 MOFs（Metal-Organic Frameworks），是一种新的微孔或介孔材料，由有机配体（如 1,3,5-苯三羧酸三乙酯、咪唑等）和金属离子或团簇（Zn^{2+}、Cu^{2+}、Zr^{4+}）通过配位键自组装形成的具有分子内孔隙的有机-无机杂化材料（见图 1-4）。HKUST-1（Hong Kong University of Science and Technology）为 3D-$[Cu_3(btc)_2(H_2O)_3]$（也称为 Cu-btc），是 3D 多孔配位聚合物 MOFs 的代表，呈现轮状的醋酸铜结构，且其结构在 240℃仍保持稳定，其在 pH=11 的环境下对 As（Ⅴ）的吸附容量达 88.6mg/g[165]。纳米 ZIF-8（zeolitic imidazolate frameworks）是 Zn 和甲基咪唑配体合成的，有着较小的孔结构 1.1nm×0.34nm 和憎水特性，所以在用其分离水中物质的时候需要在材料表面增加亲水性基团，通过表征分析发现，砷可通过静电吸引和与材料表面—OH、—NH_2 官能团间的配合反应来实现其分离，其 As（Ⅲ）和 As（Ⅴ）最大吸附容量分别为 49.5mg/g 和 60.0mg/g[166]。为进一步开发 ZIF-8 材料的性能，Wu 等人[167]在十六烷基三甲基溴化铵和氨基酸 L 组氨酸为共同模板剂环境下成功合成出层状 ZIF-8，在用其去除水体中的砷时发现，合成条件（如各组分的比例）对砷去除性能有很大的影响，其最大吸附容量为 90.9mg/g。此外，MIL-n 系列的 MOFs 也被用作砷吸附剂，如 MIL-53（Al）通过氢键和静电吸引吸附 105.6mg/g 的 As（Ⅴ）[168]；MIL-101（Fe）通过形成 Fe-O-As 内层配位来吸附 As（Ⅴ），其砷吸附容量为 232.98mg/g[169]。Zr-MOFs（UiO-66）为 12 个 H_2BDC 配体和 $[Zr_6O_4(OH)_4]$ 自主装合成的 MOFs 材料，其通过借助锆的高亲氧性而具有更高配位数和 Zr—O 键能，具有超强的水稳定性和化学稳定性，表面积通常在 600~1600m^2/g，在含砷水处理中发现，UiO-66 在 pH<4 的酸性条件下

对砷表现出较好的吸附性能，在最优 pH=2.0 条件下的砷吸附容量是 303mg/g，其吸附过程主要是通过生成 Zr-O-As 沉淀来完成的[170]。

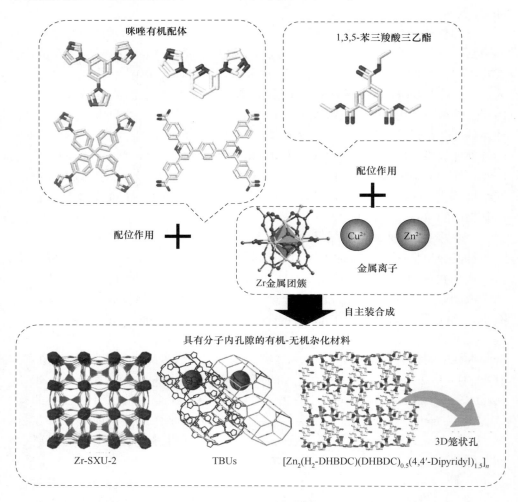

图 1-4　MOFs 的合成及其结构

1.4.3　树脂吸附剂

树脂材料用作吸附剂主要是一些具有多孔立体结构的树脂，而应用在重金属废水处理领域中的树脂一般是改性树脂。现常见的有螯合树脂、阴离子交换树脂和阳离子交换树脂等。

因大孔螯合树脂 D401 含有大量能与锆化物发生脱水缩合反应的羧基键，徐伟等人[171]将锆的水合氧化物嫁接在 D401 上，它对砷的吸附行为与 Langmuir 等温式具有较高的吻合度,同时共存离子中磷酸根和氟离子对砷去除率的影响较大。他们还将水合氧化铁负载在大孔弱碱性阴离子树脂 D301 上,复合材料对砷表现出较强的吸附性能,其饱和吸附容量为 28.5mg/g[172]。南京大学潘丙才教授课题组[173]用乙醇对树脂基纳米水合氧化铁进行处理,研究结果表明,乙醇可提高水合氧化铁在阴离子树脂 D201 表面的分散性,其对砷的饱和吸附量提高了约 20%,对树脂有效工作的 pH 值范围和抗干扰性等方面没有明显作用。Shao 等人[174]用盐酸处理 Na 型阳离子树脂得到 H 型树脂后,将常见三价金属 Y、Fe、Al、La 和 Ce 负载在 H 型树脂上,其中,Fe 改性所得树脂对 As(Ⅴ)离子($H_2AsO_4^-$)的吸附效果最好,最大吸附容量为 108.6mg/g;稀土 Ce 和 Y 改性所得树脂对 As(Ⅲ)离子($H_2AsO_3^-$)的吸附效果更好,最大吸附容量分别为 34.44mg/g 和 36.26mg/g。

1.4.4 生物吸附剂

生物吸附剂一般是指生物体或生物体的衍生物,由于生物体在环境中来源广泛,且其自身就属于环境故而对环境不造成危害,被认为是很有潜力的环境友好型功能材料。生物吸附材料在吸附重金属过程中主要是通过生物细胞不同部位与重金属离子之间的络合、离子交换、吸附、螯合、沉淀等作用,使得重金属在生物体或其衍生物体内富集和氧化,甚至某些重金属被有机化来降低其毒性。一般要求所选用的吸附剂对重金属有一定的耐受性,主要有动植物体、菌体、藻类、细胞提取物和纤维素等。

活性污泥是微生物群体及它们所依附的有机物和无机物的总称,Busetti 等人[175]研究污水处理厂中 A/O 工艺的砷去除情况时发现,活性污泥段对砷的去除率在 77%。烟曲霉菌是一些发酵工业的废弃物,其较易于培养,且易被降解,河南农业大学的金显春[176]将灭活烟曲霉菌和灭菌后被三氯化铁处理过的霉菌用来间歇性地处理废水中的砷,研究发现,这两种菌都可以高效去除砷,当吸附剂添加量为 35g/L 时,两种吸附剂均可 100%去除 As(Ⅲ),且其处理过的出水中菌落数形态无差异,即烟曲霉菌未进入水体中,没有引发二次污染问题。云南大学唐萌[177]用大屯海中的芽孢杆菌除砷发现,As(Ⅲ)可通过羟基、氨基和多聚糖等的吸附作用得以从水体中分离,并且通芽孢杆菌的生物转化作用将 As(Ⅲ)转化为 As(Ⅴ)和有机物——甲基砷。丝瓜纤维是丝瓜植物的衍生物之一,它的内部结构是纤维连接的多孔道和开孔的纤维分支,由于其化学性质较为稳定,它对砷的吸附容量较低(0.035mg/g);为进一步提高其吸附性能,引入亲砷性且易于同纤维素表面处于游离状态的羟基发生反应的官能团非常有必要,在其表面嫁接铁和锆后纤维对砷的吸附容量明显提高,分别为 2.55mg/g 和 2.89mg/g,同时由于丝瓜纤维表面羟基和羧基与嫁接金属的作用,使得丝光纤维的等电点也发生变化——从原来的3.9增加到嫁接铁后的7.4和嫁接锆后的7.6[178]。其他在含砷水处理中有应用的生物吸附剂有茶叶、非洲灌木刺柏、锯屑等[179-181]。

1.4.5 废弃物

工农业生产技术的发展和人民生活水平的提高过程中产生了大量废弃物，而这些废弃物的处置方式将影响社会的可持续发展。为了节约资源、降低生产成本，达到以废治废、绿色、循环发展，人们针对废弃物再利用不断展开研究。在资源化利用领域中，高值资源化利用是一个重要的新方向，国家也对废弃物高值资源化利用进行鼓励。

1.4.5.1 工业废弃物

啤酒生产过程会产生大量的废麦糟，我国每天约产生3万多吨废麦糟，由于缺乏活性，一般是将其作为牲畜类的饲料。经检测，废麦糟的主要成分为纤维素、半纤维素和木质素等，且其含有大量可与砷发生作用的活性官能团——羟基和羧基，所以人们将其用作砷吸附剂[182]。聂锦霞等人[183]采用NaOH预处理-环氧氯丙烷交联-三甲胺季胺化这一联合技术手段将废麦糟功能化以制备出阴离子吸附剂，在用其处理As(Ⅲ)废水过程中发现，功能化后材料对砷的吸附能力有了很大程度的提高。赤泥是铝土矿提炼氧化铝过程中排出的工业废弃物，一般我国是通过露天堆放的方式来进行处置，这不仅占用大量土地，还对周围环境造成安全隐患；因其含有大量亲砷性铝，Altundogan等人[184]用赤泥来分离砷发现，As(Ⅲ)和As(Ⅴ)均可通过单分子层的形式吸附在赤泥表面，As(Ⅲ)和As(Ⅴ)最大吸附容量分别为8.86μmol/g和6.86μmol/g，赤泥在碱性环境下(pH=9.5)对As(Ⅲ)表现出较好的吸附能力，在酸性条件(pH在1.1~3.2)可有效地去除As(Ⅴ)。炉渣又称为溶渣，是在火法冶金过程中产生的浮在金属等液态物质表面的熔体，其组成中有氧化铝、氧化钙、氧化铁和二氧化硅等。由于氧化钙、氧化铁和氧化铝都可与砷发生作用，Jeon等人[185]用炉渣作为砷吸附剂，在其去除As(Ⅴ)的过程中发现，砷可与炉渣通过生成Ca-As沉淀(如$Ca_3(AsO_4)_2$)形式实现部分砷的分离，还可通过吸附在氧化铁和氧化铝表面来进行部分砷分离，故吸附剂中氧化铁、铝的含量对砷去除率也产生影响。此外，还有固体废物——赤化水泥、砖粉、大理石粉等也被用作砷吸附剂[186-187]。

1.4.5.2 农业和生活废弃物

农业和生活中产生的废弃物中含有大量纤维素，即拥有氨基、羟基和羧基等官能团，这些官能团可与砷发生相互作用，将砷从水体中分离出来[95,188]。大米是人类生存的必需品之一，碾米生产过程中将产生大量的农业废弃物——米糠，主要被用作饲料和肥料的制作,据估计每年发展中国家将产生 1 亿吨米糠,但我国米糠的加工量仅占 10%~20%,且米糠深加工和高附加值利用处于起步阶段,所以需要展开进一步研究[189]。由于米糠的主要成分是纤维素、半纤维素和木质素等对重金属有吸附能力的成分,Ranjana 等人[190]将其用在含砷水处理中,经吸附能计算可得其对砷的吸附行为是化学吸附,其单分子层 As(Ⅲ) 和 As(Ⅴ) 最大吸附容量分别为 138.88μg/g(pH=7.0) 和 147.05μg/g(pH=4.0)。陈延林[191]对农业废弃物稻秆、棉秆、稻壳和黄麻等进行化学处理并制备了纤维状阴离子交换剂,研究发现其对砷离子的去除能力与商业离子交换剂相当,但它比商业离子交换剂成本低。农业废弃物大蒜皮一般是丢弃处理,北京科技大学的黄凯等人[192]将大蒜皮粉碎和筛分后经无机或有机酸浸泡 5 次后采用氯化铁改性处理可得负载铁的复合材料,将氯化铁改性前后的样品混合后处理砷浓度为 0.22mg/L 的样品,出水中砷浓度小于 5μg/L,达到国家对饮用水标准的要求。生活垃圾橘子皮富含果胶、纤维素和木质素,而这些成分都是前述生物吸附剂中所需的,Ghimire 等人[193]用磷酸对橘子皮进行改性,磷酸改性后又负载 1.21mmol/g 三价铁以制得复合砷吸附剂,砷吸附过程中发现其对砷的有效吸附 pH 值范围为 2~6,这远大于磷酸化的纤维素(pH 值为 2~3)。柚子是我国南方常见水果之一,柚子皮因成分与橘子皮较为相似而被用作砷吸附剂,何忠明等人[194]发现其对砷的吸附容量较低,故王琼等人[195]用氯化铁对其进行改性,砷在其反应体系中通过金属沉淀、静电吸引、絮凝和共沉淀作用从水中分离出来,吸附容量从原来的 0.41mg/g 增加到 1.86mg/g。此外,有研究的还有松树皮、花生壳和杧果叶粉等废弃物[196-197]。

参 考 文 献

[1] LU H, ZHU Z, ZHANG H, et al. Fenton like catalysis and oxidation/adsorption performances of acetaminophen and arsenic pollutants in water on a multi-metal Cu-Zn-Fe-LDH [J]. Acs Applied Materials & Interfaces, 2016, 8 (38): 25343.

[2] 韩彩芸, 张六一, 邹照华, 等. 吸附法处理含砷废水的研究进展 [J]. 环境化学, 2011, 30 (2): 517-523.

[3] MOHAN D, PITTMAN C U. Arsenic removal from water/wastewater using adsorbents—A critical review [J]. Journal of Hazardous Materials, 2007, 142 (1/2): 1-53.

[4] LIU H, HAN C, YANG L, et al. Separate As (Ⅴ) from solution by mesoporous Y-Al binary oxide: batch experiments [J]. Water Science & Technology, 2018, 77 (4): 871-879.

[5] ZHANG K, ZHANG D, ZHANG K. Arsenic removal from water using a novel amorphous adsorbent developed from coal fly ash [J]. Water Science & Technology, 2016, 73 (8): 1954-1962.

[6] 李静, 况明生. 中国能源特点和可持续发展战略 [J]. 国土资源科技管理, 2009, 264 (4): 60-64.

[7] 鲁晓勇，朱小燕．粉煤灰综合利用的现状与前景展望［J］．辽宁工程技术大学学报，2005，24：295-298.
[8] 朱辉，谢贤，李博琦，等．从粉煤灰中提取氧化铝技术进展［J］．矿产保护与利用，2020，6：155-161.
[9] 张力，李星吾，张元赏，等．粉煤灰综合利用进展及前景展望［J］．建材发展导向，2021，19（24）：1-6.
[10] 任倩．粉煤灰特性分析及资源化利用评价［D］．成都：西南交通大学，2012.
[11] 张祥成，孟永彪．浅析中国粉煤灰的综合利用现状［J］．无机盐工业，2020，52（2）：1-5.
[12] 李梅，张彦军，井红星．中国目前粉煤灰的综合利用现状及前景思考［J］．价值工程，2016，16：183-185.
[13] 刘文永，付海明，等．高掺量粉煤灰固结材料［M］．北京：中国建材工业出版社，2007.
[14] 李博琦，谢贤，吕晋芳，等，粉煤灰资源化综合利用研究进展及展望［J］．矿产保护与利用，2020，5：153-160.
[15] 李晓光，丁书强，卓锦德，等．粉煤灰提取氧化铝技术研究现状及工业化进展［J］．洁净煤技术，2018，24（5）：1-11.
[16] 刘能生，彭金辉，张利波，等．高铝粉煤灰硫酸铵与碳酸钠焙烧活化对比研究［J］．昆明理工大学学报（自然科学版），2016，1：1-6.
[17] 肖永丰．粉煤灰提取氧化铝方法研究［J］．矿产综合利用，2020，4：156-162.
[18] 于波，邢鹏飞，李雅茹，等．粉煤灰提取氧化铝的资源化利用［J］．中国资源综合利用，2021，39（2）：77-80.
[19] 高斐．高铝粉煤灰提取氧化铝循环利用标准化研究［J］．清洗世界，2020，36（2）：55-57.
[20] 王永旺．准格尔地区粉煤灰中镓的浸出率影响因素研究［J］．世界地质，2014，33（3）：730-734.
[21] 侯永茹，李彦恒，代红，等．用吸附法从粉煤灰碱性溶液里提取锂［J］．粉煤灰综合利用，2015，3：10-11.
[22] 赵慧玲，刘建．泡塑吸附分离萃取光度法测定粉煤灰中的稼［J］．岩矿测试，2010，29（4）：465-468.
[23] 张小东，赵飞燕．粉煤灰中镓提取与净化技术的研究［J］．煤炭技术，2018，37（11）：336-339.
[24] 焦明常．粉煤灰用作水泥生产原料［J］．福建建材，1994，3：56-59.
[25] 代义磊，孙思文，刘玉亭，等．粉煤灰在水泥工业中综合利用的研究现状［J］．安徽建筑，2019，10：198-201.
[26] 方根亮．粉煤灰在水泥工业中综合利用［J］．四川水泥，2020，8：4-8.
[27] 王芳．粉煤灰的特性及对混凝土的影响研究［J］．中国高新科技，2019，6：17-20.
[28] 李武国．粉煤灰在公路水泥混凝土路面中的应用［J］．交通世界，2020，7：44-45.
[29] 张冰清，付立强，郝桢．粉煤灰和偏高岭土组合使用对混凝土耐热性能影响［J］．山东交通科技，2021，1：93-97.
[30] 曹源．稻草秸秆与粉煤灰对混凝土性能影响［J］．城市住宅，2021，2：221-225.
[31] 李凯．利用粉煤灰做铁路路基填料的研究［J］．粉煤灰，1994，3：8-15.

[32] 陈国华,刘万生,赵世玺. 粉煤灰微晶玻璃的研制 [J]. 洛阳工业高等专科学报, 1994, 4 (3): 5-9.

[33] 段仁官,梁开明. TiO_2 对粉煤灰玻璃晶化影响的研究 [J]. 玻璃与搪瓷, 1997, 25 (3): 4-7.

[34] 何峰,李钱陶. 粉煤灰在微晶玻璃装饰板材中的应用研究 [J]. 武汉理工大学学报, 2002, 24 (12): 18-20.

[35] SHIH W H, CHANG H L. Conversion of fly ash into zeolites for ion-exchange applications [J]. Materials Letters, 1996, 28 (4/6): 263-268.

[36] STEENBRUGGEN G, HOLLMAN G G. The synthesis of zeolites from fly ash and the properties of the zeolite products [J]. Journal of Geochemical Exploration, 1998, 62 (1/2/3): 305-309.

[37] HUMS E, MUSYOKA N M, BASER H, et al. In-situ ultrasound study of the kinetics of formation of zeolites Na-A and Na-X from coal fly ash [J]. Research on Chemical Intermediates, 2015, 41 (7): 4311-4326.

[38] ZHAO X S, LU G Q, ZHU H Y. Effects of Ageing and Seeding on the Formation of Zeolite Y from Coal Fly Ash [J]. Journal of Porous Materials, 1997, 4 (4): 245-251.

[39] HOLLER H, WRISCHING U. Zeolite formation from fly ash [J]. Fortschritte Derm Ineralogie, 1985, 63: 21-27.

[40] 黎丹,吴俊,王业强. 粉煤灰综合利用研究现状 [J]. 绿色科技, 2013, 7: 197-199.

[41] MURAYAMA N, YAMAMOTO H, SHIBATA J. Mechanism of zeolite synthesis from coal fly ash by alkali hydrothermal reaction [J]. Int J Miner Process, 2002, 64: 1-17.

[42] MOLINA A, POOLE C. A comparative study using two methods to produce zeolites from fly ash [J]. Miner Eng, 2004, 17: 167-173.

[43] INADA M, EGUCHI Y, ENOMOTO N, et al. Synthesis of zeolite from coal fly ashes with different silica-alumina composition [J]. Fuel, 2005, 84 (2/3): 299-304.

[44] HOLLMAN G G, STEENBRUGGEN G, JANSSEN-JURKOVIČOVÁ M. A two-step process for the synthesis of zeolites from coal fly ash [J]. Fuel, 1999, 78: 1225-1230.

[45] QUEROL X, MORENO N, UMAÑA J C, et al. Synthesis of zeolites from coal fly ash: An overview [J]. International Journal of Coal Geology, 2002, 50 (1/4): 413-423.

[46] SHIGEMOTO N, HAYASHI H, MIYAURA K. Selective formation of Na-X zeolite from coal fly ash by fusion with sodium hydroxide prior to hydrothermal reaction [J]. Journal of Materials Science, 1993, 28 (17): 4781-4786.

[47] CHOI C L, PARK M, LEE D H, et al. Salt-thermal zeolitization of fly ash. [J]. Environmental Science & Technology, 2001, 35 (13): 2812-2816.

[48] TANAKA H, EGUCHI H, FUJIMOTO S, et al. Two-step process for synthesis of a single phase Na-A zeolite from coal fly ash by dialysis [J]. Fuel, 2006, 85 (10/11): 1329-1334.

[49] CHANG A C, LUND L J, PAGE A L, et al. Physical properties of fly ash amended soils [J]. J Environ Qual, 1977, 6 (3): 267-270.

[50] PATHAN S M, AYLMORE L A G, COLMER T D. Properties of several fly ash materials in relation to use as soil Amendments [J]. J Environ Qual, 2003, 32 (2): 687-693.

[51] ADRIANO D C, WEBER J. Influence of fly ash on soil physical properties and turfgrass establishment [J]. J Environ Qual, 2001, 30 (2): 596-601.

[52] ADRIANO D C, WEBER J, BOLAN N S, et al. Effects of high rates of coal fly ash on soil, turfgrass, and groundwater quality [J]. Water, Air, and Soil Pollution, 2002, 139 (1): 365-385.

[53] 周惜时, 秦普丰. 粉煤灰吸附性能的研究 [J]. 粉煤灰综合利用, 2006, 6: 21-23.

[54] HE P, QIN H, ZHANG Y, et al. Influence of mercury retention on mercury adsorption of fly ash [J]. Energy, 2020, 204: 117927.

[55] DE CARVALHO T E M, FUNGARO D A, Magdalena C P, et al. Adsorption of indigo carmine from aqueous solution using coal fly ash and zeolite from fly ash [J]. J Radioanal Nucl Chem, 2011, 289: 617-626.

[56] ORAKWUE E O, ASOKBUNYARAT V, RENE E, et al. Adsorption of iron (Ⅱ) from acid mine drainage contaminated groundwater using coal fly ash, coal bottom ash, and bentonite clay [J]. Water Air Soil Pollut, 2016, 227: 74.

[57] CHATURVEDI A K, YADAVA K P, PATHAK K C, et al. Defluoridation of water by adsorption on fly ash [J]. Water, Air, and Soil Pollution, 1990, 49: 51-61.

[58] SIYAL A A, SHAMSUDDIN R, LOW A, et al. Adsorption kinetics, isotherms, and thermodynamics of removal of anionic surfactant from aqueous solution using fly ash [J]. Water Air Soil Pollut, 2020, 231: 509.

[59] LIU Z, ZHANG Y, AN Y, et al. Influence of coal fly ash particle size on structure and adsorption properties of forming adsorbents for Cr^{6+} [J]. Journal of Wuhan University of Technology-Mater. Sci. Ed., 2016, 31: 58-63.

[60] PAPACHRISTOU E, VASILIKIOTIS G, ALEXIADES C. Selective adsorption of heavy metal cations by using fly ash [J]. Appropriate Waste Management for Developing Countries, 1985: 395-404.

[61] 杨柳, 刘航, 杨玉峰, 等. 粉煤灰在含砷水处理中的应用研究进展 [J]. 水处理技术, 2018, 44 (2): 15-19.

[62] 李沛伦, 胡真, 王成行, 等. 酸改性粉煤灰的制备及其降解选矿废水 COD 研究 [J]. 矿物综合利用, 2019, 2: 103-108.

[63] DENG X, QI L, ZHANG Y, Experimental study on adsorption of hexavalent chromium with microwave-assisted alkali modified fly ash [J]. Water Air Soil Pollut, 2018, 229: 18.

[64] QIU Q, JIANG X, LV G, et al. Adsorption of copper ions by fly ash modified through microwave-assisted hydrothermal process [J]. J Mater Cycles Waste Manag, 2019, 21: 469-477.

[65] SONG N, TENG Y, WANG J, et al. Effect of modified fly ash with hydrogen bromide on the adsorption efficiency of elemental mercury [J]. J Therm Anal Calorim, 2014, 116: 1189-1195.

[66] GU Y, ZHANG Y, LIN L, et al. Evaluation of elemental mercury adsorption by fly ash modified with ammonium bromide [J]. J Therm Anal Calorim, 2015, 119: 1663-1672.

[67] 罗永明, 韩彩芸, 何德东. 铝系无机材料在含砷废水净化中的关键技术 [M]. 北京: 冶金工业出版社, 2019.

[68] 刘航. 粉煤灰合成 X 型沸石及其对 As（V）吸附性能研究［D］. 昆明：昆明理工大学，2018.

[69] 曲洪涛，刘俊场，付光，等. 硫化沉淀脱除铅锌冶炼污酸污水中砷的试验研究［J］. 云南冶金，2020，281：92-94.

[70] HU B, YANG T, LIU W, et al. Removal of arsenic from acid wastewater via sulfide precipitation and its hydrothermal mineralization stabilization [J]. Trans. Nonferrous Met. Soc. China, 2019, 29: 2411-2421.

[71] 刘振中，邓慧萍，韩瑛，等. 离子交换纤维除 As（V）性能研究［J］. 工业水处理，2009，29（8）：62-66.

[72] 胡天觉，曾光明，陈维平，等. 选择性高分子离子交换树脂处理含砷废水［J］. 湖南大学学报，1998，25（6）：75-80.

[73] KOBYA M, GEBOLOGLU U, ULU F, et al. Removal of arsenic from drinking water by the electrocoagulation using Fe and Al electrodes [J]. Electrochimica Acta, 2011, 56 (14): 5060-5070.

[74] HAN B, RUNNELLS T, ZIMBRON J, et al. Arsenic removal from drinking water by flocculation and microfiltration [J]. Desalination, 2002, 145 (1): 293-298.

[75] MENDOZA R M, KAN C C, CHUANG S S, et al. Feasibility studies on arsenic removal from aqueous solutions by electrodialysis [J]. Journal of Environmental Science & Health Part A Toxic/hazardous Substances & Environmental Engineering, 2014, 49 (5): 545-554.

[76] 周亚光，瞿秀静，祝立英. 壳聚糖交联膜电渗析法分离氟、氯、砷的研究［J］. 分子科学学报（中英文版），1998，1：42-49.

[77] ALIASKARI M, SCHÄFER A. Nitrate, arsenic and fluoride removal by electrodialysis from brackish groundwater [J]. Water Research, 2121, 190: 116683.

[78] 许平平，刘聪，王亚，等. 共生细菌对盐生小球藻富集和转化砷酸盐的影响［J］. 环境科学，2016，37（9）：3438-3446.

[79] 王亚，张春华，王淑，等. 带菌盐藻对不同形态砷的富集和转化研究［J］. 环境科学，2013，34（11）：4257-4265.

[80] 吕晋芳，全英聪，童雄，等. 矿冶含砷废水的净化处理技术［J］. 矿产保护与利用，2021，1：53-60.

[81] 范荣桂，董雪，李美，等. 催化氧化处理磨矿含砷废水的工程试验［J］. 工业水处理，2014，34（6）：56-58.

[82] JIN L F, CHAI L Y, SONG T T, et al. Preparation of magnetic Fe_3O_4@Cu/Ce microspheres for efficient catalytic oxidation co-adsorption of arsenic (Ⅲ) [J]. J. Cent. South Univ., 2020, 27: 1176-1185.

[83] DUTTA P K, PEHKONEN S O, SHARMA V K, et al. Photocatalytic oxidation of arsenic (Ⅲ): Evidence of hydroxyl radicals [J]. Environmental Science & Technology, 2005, 39 (6): 1827-1834.

[84] PENG F F, DI P K. Removal of arsenic from aqueous solution by adsorbing colloid flotation [J]. Industrial Engineering Chemistry Research, 1994, 33 (4): 922-928.

[85] 林国梁，陈思，白俊智. 从含砷工业废水中萃取富集砷的研究［J］. 沈阳建筑大学学报，2006，22（6）：972-976.

[86] 汤德元，刘璐，姜泽. 溶剂萃取法从氟硅酸中除砷的研究［J］. 贵州化工，2007，32（2）：1-2.

[87] 哈尔祺，樊增禄，李庆. 等，Zr-有机骨架材料对水中重铬酸根的物理吸附性能［J］. 纺织高校基础科学学报，2019，32（3）：237-243.

[88] 王雅，李庆，管斌斌，等. Cu-有机骨架对水中染料的吸附和光降［J］. 纺织高校基础科学学报，2019，32（3）：244-251.

[89] 黄海兰，曲荣君. 巯基树脂对重金属离子的吸附性能［J］. 离子交换与吸附，2004，20（2）：113-118.

[90] HAN C, LI H, PU H, et al. Synthesis and characterization of mesoporous alumina and their performances for removing arsenic（V）［J］. Chemical Engineering Journal, 2013, 217: 1-9.

[91] HAN C, ZHANG L, CHEN H, et al. Reomval As（V）by sulfated mesoporous Fe-Al bimetallic adsorbent: Adsorption performance and uptake mechanism［J］. Journal of Environmental Chemical Engineering, 2016, 4: 711-718.

[92] MIN X, HAN C, YANG L, et al. Enhancing As（V）and As（Ⅲ）adsorption performance of low alumina fly ash with ferric citrate modification: Role of $FeSiO_3$ and monosodium citrate［J］. Journal of Environmental Management, 2021, 287: 112302.

[93] 韩彩芸，张严严，许思维，等. 除砷吸附剂的研究进展［J］. 上海环境科学，2012，5（31）：195-201.

[94] HUGO E, EUNG H. 用活性炭吸砷［J］. 重冶译文，1989，3：50-54.

[95] LEE S. Application of activated carbon fiber (ACF) for arsenic removal in aqueous solution［J］. Korean Journal of Chemical Engineering, 2010, 27（1）: 110-115.

[96] 公绪金. 中孔型活性炭制备及对As（Ⅲ）/As（V）吸附特性研究［J］. 哈尔滨商业大学学报，2018，34（3）：300-306.

[97] BORAH D, SATOKAWA S, KATO S, et al. Sorption of As（V）from aqueous solution using acid modified carbon Black［J］. Journal of Hazardous Materials, 2009, 162（2/3）: 1269-1277.

[98] 赖卫东，王琳，何勇，等. 高温蒸发制备载铁活性炭吸附砷性能研究［J］. 应用化工，2016，45（9）：1650-1654.

[99] CHANG Q G, LIN W, YING W C. Preparation of iron-impregnated granular activated carbon for arsenic removal from drinking water［J］. Journal of Hazardous Materials, 2010, 184（1/3）: 515-522.

[100] GHANIZADEH G, EHRAMPOUSH M H, GHANEIAN M T. Application of iron impregnated activated carbon for removal of arsenic from water［J］. Iranian Journal of Environmental Health Science & Engineering, 2010, 7（2）: 145-156.

[101] GUPTA A K, DEVA D, SHARMA A, et al. Fe-grown carbon nanofibers for removal of arsenic（V）in wastewater［J］. Industrial and Engineering Chemistry Research, 2010, 49（15）: 7074-7084.

[102] MANJU G N, RAJI C, ANIRUDHAN T S. Evaluation of coconut husk carbon for the removal of arsenic from water [J]. Water Research, 1998, 32 (10): 3062-3070.

[103] DAUS B, WENNRICH R, WEISS H. Sorption materials for arsenic removal from water: A comparative study [J]. Water Research, 2006, 38 (12): 2948-2954.

[104] 陈维芳, 王宏岩, 于哲, 等. 阳离子表面活性剂改性的活性炭吸附砷（Ⅴ）和砷（Ⅲ）[J]. 环境科学学报, 2013, 33 (12): 3197-3204.

[105] 陈维芳, 程明涛, 张道方. CTAC 改性活性炭去除水中砷（Ⅴ）的柱实验吸附和再生研究 [J]. 环境科学学报, 2012, 32 (1): 150-156.

[106] NIAZI N K, BIBI I, MUHAMMAD S, et al. Arsenic removal by perilla leaf biochar in aqueous solutions and groundwater: An integrated spectroscopic and microscopic examination [J]. Environmental Pollution, 2018, 232, 31-41.

[107] WANG S, GAO B, ZIMMERMAN A R, et al. Removal of arsenic by magnetic biochar prepared from pinewood and natural hematite [J]. Bioresource Technology, 2015, 175, 391-395.

[108] LIU Q, WU L, GORRING M, et al. Aluminum-impregnated biochar for adsorption of arsenic (Ⅴ) in urban stormwater runoff [J]. Journal of Environmental Engineering, 2019, 145 (4): 04019008.

[109] 于志红, 黄一帆, 廉菲, 等. 生物炭-锰氧化物复合材料吸附砷（Ⅲ）的性能研究 [J]. 农业环境科学学报, 2015, 31 (1): 155-161.

[110] SAHU N, SINGH J, KODURU J R. Removal of arsenic from aqueous solution by novel iron and iron-zirconium modified activated carbon derived from chemical carbonization of Tectona grandis sawdust: Isotherm, kinetic, thermodynamic and breakthrough curve modelling [J]. Environmental Research, 2021, 200: 111431.

[111] 彭长宏, 程晓苏, 曹金艳, 等. 离子液体负载型碳纳米管吸附除砷研究 [J]. 中南大学学报（自然科学版）, 2010, 41 (2): 416-421.

[112] LI L, HUANG Y, WANG Y, et al. Hemimicelle capped functionalized carbon nanotubes-based nanosized solid-phase extraction of arsenic from environmental water samples [J]. Analytica Chimica Acta, 2009, 631: 182-188.

[113] 李璐. 修饰碳纳米管对砷的吸附及其应用研究 [D]. 重庆: 西南大学, 2009.

[114] 邵金秋, 温其谦, 阎秀兰, 等. 天然含铁矿物对砷的吸附效果及机制 [J]. 环境科学, 2019, 40 (9): 4072-4080.

[115] CHAKRAVARTY S, DUREJA V, BHATTACHARYYA G, et al. Removal of arsenic from groundwater using low cost ferrng inous manganese ore [J]. WaterReasearch, 2002, 36 (3): 625-632.

[116] 李曼尼, 刘晓飞, 江雅新, 等. 改性斜发沸石在水处理中的应用 [J]. 环境化学, 2007, 26 (1): 21-26.

[117] PU H P, HUANG J B, JIANG Z. Removal of arsenic (Ⅴ) from aqueous solutions by lanthanum loaded zeolite [J]. Acta Geologica Sinica (EnglishEdition), 2008, 82 (5): 1015-1019.

[118] HARON M J, AB RAHIM F, ABDULLAH A H, et al. Sorption removal of arsenic by cerium-exchanged zeolite P [J]. Materials Science & Engineering, 2008, 149 (2): 204-208.

[119] STANIC T, DAKOVIC A, ZIVANOVIC A T M, et al. Adsorption of arsenic (V) by iron (Ⅲ)-modified natural zeolitic tuff [J]. Environmental Chemistry Letters, 2009, 7 (2): 161-166.

[120] CHUTIA P, KATO S, KOHIMA T, et al. Arsenic adsorption from aqueous solution on synthetic zeolites [J]. Journal of Hazardous Materials, 2009, 162 (1): 440-447.

[121] MANNING B A, GOLDBERG S. Modeling arsenate competitive adsorption on kaolinite, montmorillonite and illite [J]. Clays and Clay Minerals, 1996, 44 (5): 609-623.

[122] 彭书传, 杨远盛, 陈天虎, 等. 镁铝阴离子黏土对砷酸根离子的吸附作用 [J]. 硅酸盐学报, 2005, 33 (8): 1023-1027.

[123] 李箫宁, 李檬. 改性凹凸棒的制备及对砷离子的吸附研究 [J]. 影像科学与光化学, 2019, 37 (2): 127-135.

[124] 石中亮, 刘丙柱, 姚淑华. 活性水合氧化铁对水中砷 (V) 的去除 [J]. 沈阳化工大学学报, 2010, 24 (1): 7-11.

[125] BEKER U, CUMBAL L, DURANOGLU D, et al. Preparation of Fe oxide nanoparticles for environmental applications: Arsenic removal [J]. Environ Geochem Health, 2010, 32 (4): 291-296.

[126] 刘辉利, 梁美娜, 朱义年, 等. 氢氧化铁对砷的吸附与沉淀机理 [J]. 环境科学学报, 2009, 29 (5): 1011-1019.

[127] 梁美娜, 刘海玲, 刘树深, 等. 纳米氧化铁的制备及其对砷的吸附作用 [J]. 应用化学, 2007, 24 (12): 1418-1423.

[128] MAAMOUN I, ELJAMAL O, FALYOUNA O, et al. Stimulating effect of magnesium hydroxide on aqueous characteristics of iron nanocomposites [J]. Water Sci Technol., 2019, 80: 1996-2002.

[129] MAO X, JIANG R, XIAO W, et al. Use of surfactants for the remediation of contaminated soils: A review [J]. J Hazard Mater, 2015, 285: 419-435.

[130] LIANG B, XIE Y Y, FANG Z Q, et al. Assessment of the transport of polyvinylpyrrolidone-stabilised zero-valent iron nanoparticles in a silica sand medium [J]. J Nanopart Res., 2014, 16: 2485.

[131] ZHOU C, HAN C, MIN X, et al. Enhancing arsenic removal from acidic wastewater using zeolite-supported sulfide nanoscale zero-valent iron: The role of sulfur and copper [J]. J Chem Technol Biotechnol, 2021, 96: 2042-2052.

[132] SINGH T S, PANT K K. Equilibrium, kinetics and thermodynamic studies for adsorption of As (Ⅲ) on activated alumina [J]. Separation and Purification Technology, 2004, 36 (2): 139-147.

[133] TRIPATHY S S, RAICHUR A M. Enhanced adsorption capacity of activated alumina by impregnation with alum for removal of As (V) from water [J]. Chemical Engineering Journal, 2008, 138 (1/2/3): 179-186.

[134] 孟成奇, 魏建宏, 罗琳, 等. 铁铝复合材料对水中三价砷的去除效果研究 [J]. 矿冶工程, 2017, 37 (2): 84-90.

[135] 单鑫. 稀土改性氧化铝颗粒对饮用水中砷的吸附研究 [D]. 昆明: 昆明理工大学, 2016.

[136] HAO J, HAN M J, MENG X. Preparation and evaluation of thiol-functionalized activated alumina for arsenite removal from water [J]. Journal of Hazardous Materials, 2009, 167: 1215-1221.

[137] KIM Y H, KIM C, CHOI I, et al. Arsenic removal using mesoporous alumina prepared via a templating method [J]. Environ. Sci. Technol., 2004, 38 (3): 924-931.

[138] YU M J, LI X, AHN W S. Adsorptive removal of arsenate and orthophosphate anions by mesoporous alumina [J]. Microporous and Mesoporous Materials, 2008, 113 (1/3): 197-203.

[139] HAN C, LIU H, CHEN H, et al. Adsorption performance and mechanism of As (V) uptake over mesoporous Y-Al binary oxide [J]. Journal of the Taiwan Institute of Chemical Engineers, 2016, 65: 204-211.

[140] 邹照华. 新型 Al-Si 介孔材料对砷的吸附研究 [D]. 昆明: 昆明理工大学, 2010.

[141] HRISTOVSKI K, BAUMGARDNER A, WESTERHOFF P. Selecting metal oxide nanomaterials for arsenic removal in fixed bed columns: from nanopowders to aggregated nanoparticle media [J]. J. Hazard. Mater., 2007, 147: 265-274.

[142] 喻德忠, 邹菁, 艾军. 纳米二氧化锆对砷 (Ⅲ) 和砷 (Ⅴ) 的吸附性质研究 [J]. 武汉化工学院学报, 2004, 26 (3): 1-4.

[143] HRISTOVSKI K D, WESTERHOFF P K, CRITTENDEN J C, et al. Arsenate removal by nanostructured ZrO_2 spheres [J]. Environmental Science & Technology, 2008, 42 (10): 3786-3790.

[144] 刘志伟. 锆微粒可清除砷污染 [J]. 有色冶金节能, 1999, 6: 15-15.

[145] HAN C, LIU H, ZHANG L, et al. Effectively uptake arsenate from water by mesoporous sulphated zirconia: Characterization, adsorption, desorption, and uptake mechanism [J]. The Canadian Journal of Chemical Engineering, 2017, 95: 543-549.

[146] 刘文婧, 景传勇. 纳米二氧化钛光催化转化甲基砷的研究 [J]. 环境科报, 2016, 36 (1): 172-177.

[147] PENA M E, KORFIATIS G P, PATEL M, et al. Adsorption of As (V) and As (Ⅲ) by nanocrystalline titanium dioxide [J]. Water Research, 2005, 39 (11): 2327-2337.

[148] 聂晓, 阎莉, 张建锋. 高指数晶面二氧化钛对砷、锑的共吸附去除 [J]. 环境化学, 2018, 37 (2): 318-326.

[149] 梁美娜, 朱义年, 牛凤奇. 二氧化锰对水中 As (Ⅴ) 的吸附作用研究 [J]. 环保科技, 2008, 114 (2): 27-31.

[150] 梁慧峰, 马子川, 张杰, 等. 新生态二氧化锰对水中三价砷去除作用的研究 [J]. 环境污染与防治, 2005, 27 (3): 168-171.

[151] 赵安珍, 徐仁扣. 二氧化锰对 As (Ⅲ) 的氧化及其对针铁矿去除水体中 As (Ⅲ) 的影响 [J]. 环境污染与防治, 2006, 28 (4): 252-253.

[152] MANNING B A, FENDORF S E, BOSTICK B, et al. Arsenic (Ⅲ) oxidation and arsenic (Ⅴ) adsorption reactions on synthetic birnessite [J]. Environmental Science and Technology, 2002, 36 (5): 976-981.

[153] ZHANG Y, YANG M, DOU X M, et al. Arsenate adsorption on an Fe-Ce bimetal oxide adsorbent: Role of surface properties [J]. Environmental Science & Technology, 2005, 39 (18): 7246-7253.

[154] 张学洪, 朱义年, 刘辉利. 砷的环境化学作用过程研究 [M]. 北京: 科学出版社, 2009.

[155] LI Z J, DENG S B, YU G. As (Ⅴ) and As (Ⅲ) removal from water by a Ce-Ti oxide adsorbent: Behavior and mechanism [J]. Chemical Engineering Journal, 2010, 161 (1/2): 106-113.

[156] GUPTA K, GHOSH U C. Arsenic removal using hydrous nanostructure iron (Ⅲ)-titanium (Ⅳ) binary mixed oxide from aqueous solution [J]. Journal of Hazardous Materials, 2009, 161 (2/3): 884-892.

[157] VENCES-ALVAREZ E, CHAZARO-RUIZ L F, RANGEL-MENDEZ J R. New bimetallic adsorbent material based on cerium-iron nanoparticles highly selective and affine for arsenic (Ⅴ) [J]. Chemosphere, 2022, 297: 134177.

[158] CHANG F F, QU J H, LIU H J, et al. Fe-Mn binary oxide incorporated into diatomite as an adsorbent for arsenite removal: Preparation and evaluation [J]. Journal of Colloid and Interface Science, 2009, 338 (2): 353-358.

[159] CHANG F F, QU J H, LIU R P, et al. Practical performance and its efficiency of arsenic removal from ground-water using Fe-Mn binary oxide [J]. Journal of Environmental Sciences, 2010, 22 (1): 1-6.

[160] REN Z M, ZHANG G S, CHEN J P. Adsorptive removal of arsenic from water by an iron-zirconium binary oxide adsorbent [J]. Journal of Colloid and Interface Science, 2011, 358 (1): 230-237.

[161] SUN X F, HU C, QU J H. Adsorption and removal of arsenite on ordered mesoporous Fe-modified ZrO_2 [J]. Desalination and water treatment, 2009, 8: 139-145.

[162] MALIYEKKAL S M, PHILIP L, PRADEEP T. As (Ⅲ) removal from drinking water using manganese oxide-coated-alumina: Performance evaluation and mechanistic details of surface binding [J]. Chemical Engineering Journal, 2009, 153 (1/2/3): 101-107.

[163] WANG S L, LIU C H, WANG M K, et al. Arsenate adsorption by Mg/Al-NO_3 layered double hydroxides with varying the Mg/Al ratio [J]. Applied Clay Science, 2009, 43 (1): 79-85.

[164] DADWHAL M, SAHIMI M, TSOTSIS T T. Adsorption isotherms of arsenic on conditioned layered double hydroxides in the presence of various competing ions [J]. Industrial and Engineering Chemistry Research, 2011, 50 (4): 2220-2226.

[165] 余文婷, 罗明标, 杨亚宣, 等. 金属有机框架材料HKUST-1吸附水中砷 (Ⅴ) 的研究 [J]. 现代化工, 2019, 39: 107-110.

[166] JIAN M, LIU B, ZHANG G, et al. Adsorptive removal of arsenic from aqueous solution by zeolitic imidazolate framework-8 (ZIF-8) nanoparticles [J]. Colloids Surf. A

Physicochem. Eng. Asp., 2015, 465: 67-76.
[167] WU Y, ZHOU M, ZHANG B, et al. Amino acid assisted templating synthesis of hierarchical zeolitic imidazolate framework-8 for efficient arsenate removal [J]. Nanoscale, 2014, 6: 1105-1112.
[168] LI J, WU Y, LI Z, et al. Characteristics of arsenate removal from water by metal-organic frameworks (MOFs) [J]. Water Sci Technol, 2014, 70 (8): 1391-1397.
[169] LI Z, LIU X, JIN W, et al. Adsorption behavior of arsenicals on MIL-101 (Fe): The role of arsenic chemical structures [J]. Journal of Colloid and Interface Science, 2019, 554: 692-704.
[170] WANG C, LIU X, CHEN J P, et al. Superior removal of arsenic from water with zirconium metal-organic framework UiO-66 [J]. Scientific Reports, 2015, 5: 16613.
[171] 徐伟, 李长海, 贾冬梅, 等. 一种新型复合除砷材料的制备及其性能 [J]. 环境工程学报, 2013, 7 (5): 1611-1615.
[172] 徐伟, 李长海, 贾冬梅, 等. D301负载Fe (Ⅲ) 去除饮用水中的As (V) [J]. 工业水处理, 2013, 33 (7): 25-29.
[173] 万琪, 李旭春, 潘丙才. 乙醇处理对树脂基纳米水合氧化铁结构及其除砷性能的影响 [J]. 环境科学, 2013, 34 (8): 3151-3155.
[174] SHAO W, LI X, CAO Q, et al. Adsorption of arsenate and arsenite anions from aqueous medium by using metal (Ⅲ) -loaded amberlite resins [J]. Hydrometallurgy, 2008, 91 (1/2/3/4): 138-143.
[175] BUSETTI F, BADOER S, CUOMO M, et al. Occurrence and removal of potentially toxic metals and heavy metals in the wastewater treatment plant of fusina (Venice, Italy) [J]. Ind. Eng. Chem. Res., 2005, 44, 24: 9264-9272.
[176] 金显春. 灭活烟曲霉菌球对砷的吸附 [J]. 化学工程, 2009, 37 (12): 59-62.
[177] 唐萌. 一株高效除砷菌的除砷性能及机理研究 [D]. 昆明: 云南大学, 2021.
[178] NGUYEN T T Q, LOGANATHAN P, NGUYEN T V, et al. Iron and zirconium modified luffa fibre as an effective bioadsorbent to remove arsenic from drinking water [J]. Chemosphere, 2020, 258: 127370.
[179] KAMSONLIAN S, BALOMAJUMDER C, CHAND S, et al. Biosorption of Cd (Ⅱ) and As (Ⅲ) ions from aqueous solution by tea waste biomass [J]. African Journal of Environmental Science and Technology, 2011, 5 (1): 1-7.
[180] BAIG J A, KAZIL T G, SHAH A Q, et al. Biosorption studies on powder of stem of Acacia nilotica: Removal of arsenic from surface water [J]. Journal of Hazardous Materials, 2010, 178 (1/2/3): 941-948.
[181] URÍK M, LITTERA P, ŠEVC J, et al. Removal of arsenic (V) from aqueous solutions using chemically modified sawdust of spruce (Picea abies): Kinetics and isotherm studies [J]. International Journal of Environmental Science And Technology, 2009, 6 (3): 451-456.
[182] 罗小燕, 除砷吸附剂制备与构效关系研究 [D]. 赣州: 江西理工大学, 2017.

[183] 聂锦霞，熊昌狮，陈云嫩，等. 纤维素阴离子吸附剂制备及对水中砷的吸附性能 [J]. 有色金属工程，2015，6：89-94.

[184] ALTUNDOGAN H S, ALTUNDOGAN S, TUMEN F, et al. Arsenic removal from aqueous solutions by adsorption on red mud [J]. Waste Management, 2000, 20 (8): 761-767.

[185] JEON C S, BATJARGAL T, SEO C, et al. Removal of As (V) from aqueous system using steel-making by-product [J]. Desalination and water treatment, 2009, 7 (1/2/3): 152-159.

[186] JAAFARZADEH N, AHMADI M, AMIRI H, et al. Predicting Fenton modification of solid waste vegetable oil industry for arsenic removal using artificial neural networks [J]. J. Taiwan Inst. Chem. Eng. , 2012, 43: 873-878.

[187] BIBI S, FAROOQI A, HUSSAIN K, et al. Evaluation of industrial based adsorbents for simultaneous removal of arsenic and fluoride from drinking water [J]. J. Clean. Prod. , 2015, 87: 882-896.

[188] YU X, TONG S, GE M, et al. Synthesis and characterization of multi-amino-functionalized cellulose for arsenic adsorption [J]. Carbohydrate Polymers, 2013, 92: 380-387.

[189] XUE S W, ZHI Z L, CHENG S. Removal of Cr (Ⅵ) from aqueous solutions by low-cost biosorbents: Marine macroalgae and agricultural by-products [J]. Journal of Hazardous Materials, 2008, 153 (3): 1176-1184.

[190] RANJANA D, TALAT M B, HASAN S H. Biosorption of arsenic from aqueous solution using agricultural residue "rice polish" [J]. Journal of Hazardous Materials, 2009, 166 (2/3): 1050-1059.

[191] 陈延林. 农业废弃物制备纤维状离子交换剂的研究 [D]. 武汉：武汉工程大学，2007.

[192] 黄凯，汪智，熊略，等. 利用大蒜秸秆废弃物制备除砷复配吸附材料及使用方法 [P]. 中国，201811231182. 8. 2018-10-22.

[193] GHIMIRE K N, INOUE K, YAMAGUCHI H, et al. Adsorptive separation of arsenate an darsenite anions from aqueous medium by using orange waste [J]. Water Rearch, 2003, 37 (20): 4945-4953.

[194] 何忠明，王琼，付宏渊，等. 柚子皮吸附去除水中六价铬和砷 [J]. 环境工程，2016，34：299-302.

[195] 王琼，付宏渊，何忠明，等. $FeCl_3$ 改性柚子皮吸附去除水中的砷 [J]. 环境工程学报，2017，11 (4)：2137-2144.

[196] 唐章，杨新瑶，闫馨予，等. 发酵松树皮和花生壳对地下水中砷的减毒效应 [J]. 环境化学，2021，40 (3)：868-875.

[197] KAMSONLIAN S, SURESH S, RAMANAIAH V, et al. Biosorptive behaviour of mango leaf powder and rice husk for arsenic (Ⅲ) from aqueous solutions [J]. Int. J. Environ. Sci. Technol. , 2012, 9: 565-578.

2 实验方案

结合目前含砷水体污染、砷危害、水资源短缺和实现粉煤灰高附加值利用的要求[1-4]，本书主要介绍大宗固体废物粉煤灰转变为高效砷吸附剂的方法。鉴于粉煤灰的结构特点和除砷吸附剂有效官能团的特性，在粉煤灰转变为有效砷吸附剂的研究过程中，本书提出以下3个有效途径：（1）用柠檬酸铁来功能化粉煤灰，通过功能化过程中可变因素（改性剂、活化温度、灰碱比）对性能影响的考察获得有效的砷吸附剂；（2）以粉煤灰为原料合成低成本高效砷吸附剂——X型沸石，通过考察合成过程中各因素如外加铝盐的类型、用量、碱灰比等对所得样品晶型和结晶度等的影响，来实现粉煤灰的有效转化，用壳聚糖对所得沸石进行进一步功能化来优化 X 型沸石的砷吸附性能，并探讨壳聚糖用量对砷吸附性能的影响，以获得最优砷吸附剂；（3）通过假晶转变对所得微孔沸石进行扩孔，探讨扩孔行为对沸石结构的影响、对功能化活性砷吸附位点的影响，以此来得到具有更高砷去除性能的材料。

本章主要就本书中所提出的粉煤灰高附加值利用途径中所涉及的实验药品、仪器、粉煤灰功能化、粉煤灰合成沸石、壳聚糖改性沸石、沸石扩孔及相关含砷水砷吸附实验方案、吸附剂表征手段、吸附剂性能评价方式等进行详细阐述。

2.1 实验药品与仪器

本书所选用的实验药品详细见表 2-1。

表 2-1 实验所需化学药品

药品名称	分子式	相对分子质量	纯度	生产厂家
氢氧化钠	$NaOH$	40	分析纯	国药集团化学试剂有限公司
盐酸	HCl	36.5	分析纯	国药集团化学试剂有限公司
硫脲	CH_4N_2S	76.12	分析纯	国药集团化学试剂有限公司
抗坏血酸	$C_6H_8O_6$	176.13	分析纯	国药集团化学试剂有限公司
砷酸钠	$Na_3AsO_4 \cdot 12H_2O$	424	化学纯	国药集团化学试剂有限公司
三氧化二砷	As_2O_3	197.84	分析纯	国药集团化学试剂有限公司

续表 2-1

药品名称	分子式	相对分子质量	纯度	生产厂家
砷标液	As	74	—	阿拉丁试剂
柠檬酸	$C_6H_8O_7$	192.1	分析纯	阿拉丁试剂
柠檬酸铁	$FeC_6H_5O_7$	244.94	分析纯	阿拉丁试剂
粉煤灰	混合物	—	—	云南宣威火电厂
氢氧化钾	KOH	56	分析纯	天津市风船化学试剂科技有限公司
硼氢化钾	KBH_4	54	分析纯	天津市瑞金特化学品有限公司
偏铝酸钠	$NaAlO_2$	81.97	化学纯	天津市风船化学试剂科技有限公司
氯化铝	$AlCl_3 \cdot 6H_2O$	241.43	分析纯	天津市福晨化学试剂厂
硝酸铝	$Al(NO_3)_3 \cdot 9H_2O$	375.13	分析纯	天津市光复精细化工研究所
氟化铝	$AlF_3 \cdot 3H_2O$	138.02	分析纯	阿拉丁试剂
硫酸钠	Na_2SO_4	142	分析纯	天津市博迪化工有限公司
磷酸三钠	$Na_3PO_4 \cdot 12H_2O$	380.12	分析纯	天津市博迪化工有限公司
碳酸钠	Na_2CO_3	106	分析纯	天津市申泰化学试剂有限公司
硝酸钠	$NaNO_3$	85	分析纯	天津市博迪化工有限公司
壳聚糖	$(C_6H_{11}NO_4)_n$	—	—	国药集团化学试剂有限公司
硝酸铈	$Ce(NO_3)_3 \cdot 6H_2O$	434.12	化学纯	天津市风船化学试剂科技有限公司
硫酸高铈	$Ce(SO_4)_2 \cdot 4H_2O$	404.28	分析纯	天津市福晨化学试剂厂
十六烷基三甲基溴化铵	$C_{16}H_{33}(CH_3)_3NBr$	364.45	分析纯	天津市光复精细化工研究所

2.2 实验仪器

本书材料合成、材料表征和砷吸附性能评价中所涉及的仪器设备有很多，具体信息见表 2-2。

表 2-2 实验仪器设备

仪器名称	型号	厂家
锥形瓶	100mL~1L	四川蜀玻（集团）有限责任公司

续表 2-2

仪器名称	型号	厂家
容量瓶	50mL~1L	徐州大华玻璃制品有限公司
移液管	1~100mL	江苏华杰仪器有限公司
烧杯	50mL~1L	四川蜀玻（集团）有限责任公司
比色管	50mL	四川蜀玻（集团）有限责任公司
离心管	10~50mL	科宇实验器材经营部
玛瑙研钵	8cm	不详
电子天平	FA2004	上海舜宇恒平科学仪器有限公司
磁力搅拌器	HJ-4	常州智博瑞仪器制造有限公司
恒温干燥箱	101-2	富利达实验仪器厂
pH 计	pHS-3C	上海盛磁仪器有限公司
温度计	—	河北省武强县同辉仪表厂
离心机	SD-800	金坛市晶波实验仪器厂
纯水仪	DW200-P	上海和泰仪器有限公司
超声波震荡	AS30600B	天津奥特赛恩斯仪器有限公司
扫描电镜	QUANTA FEG 400	美国 FEI 公司
傅里叶红外光谱仪	Nicolet iS5	美国赛默飞尼高力
X 射线光电子能谱仪	ESCALAB 250Xi	美国赛默飞世尔科技公司
马弗炉	2.5~10	上海双彪仪器设备有限公司
水浴控温装置	无	自制
原子荧光光谱仪	AFS-230 型	北京海光仪器公司
比表面和孔径分布分析仪	Nova 4200e	美国康塔仪器公司
透射电子显微镜	Tecnai G2 F20	美国 FEI 公司
粉末 X 射线衍射仪	D8 Advance	德国布鲁克公司
X 射线荧光光谱仪	primus-2	日本理学公司
Zeta Potential Analyzer	ZetaPlus	美国布鲁克海文仪器公司

2.3 粉煤灰组分

采用 XRF 对粉煤灰组分进行测定，测定结果见表 2-3。从表 2-3 中可以看出，粉煤灰中 CaO 含量小于 8.0%，包括 CaO 在内的杂质含量约为 13.145%，SiO_2+Al_2O_3+Fe_2O_3 的含量大于 85%，即此粉煤灰等级是 F 级[5]。同时，此粉煤灰中铝含量为 19.425%，远小于 40%，即本书所考察的粉煤灰原料是不适于提取其中铝的低铝含量粉煤灰。

表 2-3 粉煤灰的化学成分

组分	SiO_2	Al_2O_3	CaO	Fe_2O_3	其他
质量分数/%	57.091	19.425	4.919	10.339	8.226

2.4 材料合成方案

2.4.1 粉煤灰修饰

通过采用柠檬酸铁来实现粉煤灰功能化，在实现功能化的研究过程中可通过改变碱熔条件，如活化碱度、活化温度和改性剂种类来考察其砷吸附性能。其功能化的大致操作流程为：将粉煤灰与 NaOH 颗粒以一定比例混合，所得混合物放入马弗炉中于一定温度下进行活化 1h。量取混合均匀的焙烧产物 10g 与含有 1.86g 柠檬酸铁改性剂和 30mL 去离子水进行混合，混合后在 90℃ 的温度下搅拌。搅拌 90min 后，将所得混合物过滤，并在 100℃ 下干燥 12h，所得产物即为柠檬酸铁功能化粉煤灰。

粉煤灰功能化过程中各因素的影响：

（1）不同活化碱度的影响是通过改变马弗炉中粉煤灰与 NaOH 颗粒混合物的质量比进行的研究，其中粉煤灰/NaOH 的质量比分别是 1∶0.5、1∶0.8、1∶1、1∶1.2，马弗炉中活化温度是 1023K。

（2）不同活化温度的影响是通过改变粉煤灰与 NaOH 混合物在马弗炉中焙烧温度来进行的，温度分别为 823K、923K、1023K，粉煤灰/NaOH 质量比为不同活化碱度考察的最佳值 1∶1。

（3）不同改性剂的影响考察是通过改变功能化试剂来进行，功能化试剂分别有盐酸（HCl）、柠檬酸（$C_6H_8O_7$）和柠檬酸铁（$FeC_6H_5O_7$），活化温度为前期实验所得最佳温度 923K，活化碱度为前期所得最佳碱度粉煤灰/NaOH 质量比为 1∶1。

2.4.2 粉煤灰合成 X 型沸石

用粉煤灰合成 X 型沸石主要是通过下述步骤来进行：

（1）将固体氢氧化钠颗粒与粉煤灰按照一定比例混合均匀并研磨，将研磨成细小颗粒的氢氧化钠和粉煤灰颗粒置于 550℃ 的马弗炉中煅烧 1h 以实现碱熔法活化粉煤灰。

（2）到混合物冷却至室温后，将其磨碎并转移到反应釜中，并添加 85mL 去离子水和一定量的铝源，约搅拌 40min 后静置 24h，之后再放入预定温度下进行水热结晶反应。

（3）到达预定水热时间后，将所得产品进行过滤，并用去离子水洗涤，再在 90~100℃ 的烘箱中干燥。

粉煤灰合成 X 型沸石过程中的影响因素如下所示。

（1）铝源的影响。外来铝源的添加主要是调控体系中硅、铝比例以合成所需 X 型沸石。在具体实验考察中，研究者选用常见无机铝源 $AlCl_3$、$Al(NO_3)_3$、AlF_3 和 $NaAlO_2$ 来进行研究。其中，铝源添加量为 0.038mol，水热晶化温度为 90℃，晶化时间为 360min。

（2）铝源剂量的影响。通过对铝源影响实验所得产品进行 XRD 表征可发现，当外加铝源是 $NaAlO_2$ 时其所得产品的晶型和结晶度最好，所以在铝源剂量的影响考察研究中是通过改变 $NaAlO_2$ 剂量来进行的。其中，$NaAlO_2$ 添加量分别为 0.019mol、0.038mol、0.076mol，水热晶化温度为 90℃，晶化时间为 360min。

（3）NaOH/粉煤灰的影响。NaOH 添加量通过影响粉煤灰活化程度来影响最后所得沸石产品的晶型和结晶度。此部分研究中 NaOH 添加量是通过调整 NaOH/粉煤灰比例在 0.9∶1、1.2∶1、1.5∶1 和 2∶1 范围内进行的，其中，$NaAlO_2$ 添加量是 0.038mol，水热晶化温度为 90℃，晶化时间为 360min。

（4）晶化温度和时间的影响。晶化温度和晶化时间对样品晶型和结晶度的影响是通过改变水热反应的温度和时间来实现的，通过查阅资料，将温度分别控制在 60℃、75℃、90℃ 和 120℃，并在每一个温度条件下采用不同晶化时间来进行调查研究，时间分别为 1h、2h、3h、6h、9h 和 12h，以期得到最优操作温度下的最优时间。其中，$NaAlO_2$ 添加量是 0.038mol，NaOH/粉煤灰比为 1.2∶1。

2.4.3 壳聚糖改性 X 型沸石

由于前期合成最优 X 型沸石对 As(Ⅴ) 的吸附性能虽优于原始粉煤灰，但仍需要开展大量工作来改善其吸附性能。本书选用壳聚糖对 X 型沸石进行改性，具体改性流程为：将一定量的壳聚糖溶解于醋酸溶液中，待完全溶解后加入一定量的 X 型沸石进行搅拌，待搅拌 60min 后过滤，并用去离子水冲洗、烘干和研磨，所得样品即为改性后所需要的复合材料。

壳聚糖改性 X 型沸石过程中，负载了不同质量的壳聚糖，其中壳聚糖与 X 型沸石的质量比分别为 0.5%、1%、2.5%、5%、10% 和 15%，所得样品分别标记为 0.5%K-X、1%K-X、2.5%K-X、5%K-X、10%K-X 和 15%K-X。

2.4.4 微孔 ZSM-5 扩孔

2.4.4.1 pH 值的影响

0.4g 的 NaOH 颗粒与 2.0g 的 ZSM-5 混合均匀并磨碎，将得到的 NaOH 和 ZSM-5 混合物放置在 550℃的马弗炉中并煅烧 1h 进行碱熔活化。待碱熔后的混合物冷却至室温后，将其磨碎并加入 0.2g 十六烷基三甲基溴化铵，混合均匀后将混合物一起转移到聚四氟乙烯反应釜中，向反应釜中加入 50mL 去离子水，再通过添加稀 HCl 调节溶液 pH 值分别到 9.5、10.0、10.5 和 11.0，搅拌 30~40min 后密封反应釜，并放入 110℃的烘箱中烘 24h。待水热反应结束后，反应釜冷却至室温，使用去离子水冲洗并过滤得到固体产品，再在 110℃干燥 12h，于坩埚中研磨后在 550℃焙烧 5h。

2.4.4.2 温度的影响

0.4g 的 NaOH 颗粒与 2.0g 的沸石 ZSM-5 混合均匀并磨碎，将得到的 NaOH 和 ZSM-5 混合物放置在 550℃的马弗炉中煅烧 1h。待碱熔后的混合物冷却至室温后，将其磨碎后加入 0.2g 十六烷基三甲基溴化铵并一起转移到聚四氟乙烯反应釜中，向釜中加入 50mL 去离子水，再通过添加稀 HCl 调节溶液的 pH 值到 11，搅拌 30~40min 后密封反应釜，分别放入 70℃、90℃和 110℃的烘箱中烘 24h。待水热反应结束后，反应釜冷却至室温，使用去离子水冲洗并过滤得到固体产品，再在 110℃干燥 12h，于坩埚中研磨后在 550℃焙烧 5h。

2.4.4.3 反应时间的影响

0.4g 的 NaOH 颗粒与 2.0g 的 ZSM-5 混合均匀并磨碎，将得到 NaOH-ZSM-5 混合物放置在 550℃的马弗炉中煅烧 1h。待碱熔后的混合物冷却至室温后，将其磨碎后加入 0.2g 十六烷基三甲基溴化铵并一起转移到聚四氟乙烯反应釜中，向釜中加入 50mL 去离子水，再通过添加稀 HCl 调节溶液的 pH 值到 9.5，搅拌 30~40min 后密封反应釜，放入 110℃的烘箱中分别晶化 12h、24h 和 48h。待水热反应结束后，反应釜冷却至室温，使用去离子水冲洗并过滤得到固体产品，再在 110℃干燥 12h，于坩埚中研磨后在 550℃焙烧 5h。

2.4.5 硫酸高铈负载扩孔 ZSM-5

以前述选取的最优扩孔条件 pH 值为 10.5、水热温度 110℃和反应时间 24h 所得样品为载体来进行硫酸高铈的负载实验。

（1）嫁接不同铈源的复合材料合成。以扩孔后 ZSM-5（标记为 ZSM-5K）为载体，用等体积浸渍法将10%的硝酸铈和硫酸高铈分别嫁接在ZSM-5K载体上，通过把硫酸高铈和硝酸铈分别溶解在水中，待完全溶解后向其中加入沸石ZSM-5，具体为：分别将10%的硫酸高铈和10%的硝酸铈分别负载到2g ZSM-5K，之后在90℃的烘箱中干燥12h，然后将混合物放置在400℃的马弗炉中煅烧4h。所得样品标记为$Ce(SO_4)_2$/ZSM-5K和$Ce(NO_3)_3$/ZSM-5K。

（2）硫酸高铈嫁接在不同沸石载体表面的复合材料合成。用等体积浸渍法，将前述筛选出的最优铈源硫酸高铈按照10%的量分别负载在微孔沸石ZSM-5、扩孔后ZSM-5K、丝光沸石（mordenite）和斜发沸石（clinoptilolite）上，其他实验流程与不同铈源材料合成的相一致。所得样品分别标记为$Ce(SO_4)_2$/ZSM-5、$Ce(SO_4)_2$/ZSM-5K、$Ce(SO_4)_2$/mordenite和$Ce(SO_4)_2$/clinoptilolite，用以考察载体对砷吸附性能的影响。

（3）不同硫酸高铈量嫁接ZSM-5K复合材料的合成。用等体积浸渍法，将不同硫酸高铈量（3%、5%和10%）分别嫁接到ZSM-5K载体表面，其他实验流程与不同铈源材料合成步骤相一致。所得样品标记为3% Ce/ZSM-5K、5% Ce/ZSM-5K和10% Ce/ZSM-5K。

2.5 材料结构表征方案

2.5.1 X射线荧光光谱分析

X射线荧光光谱分析（XRF）在20世纪80年代初就已成为一种成熟的分析检测方法，是元素含量分析的首选方法之一，可多元素同时分析[6]。XRF与电感耦合等离子发射光谱（ICP）相比，XRF还可以检测一些非金属，且制样较为简单。

当原子受到高能X射线光子（初级X射线）或其他微观粒子的激发，其原子内层电子会发生电离并出现空位，原子内层电子重新配位，较外层的电子跃迁到内层电子空位，并同时放射出有特殊性波长的次级X射线，此即X射线荧光[7]。较外层电子跃迁到内层电子空位所释放的能量等于两电子能级的能量差，因此，X射线荧光的波长λ对不同元素是特定的。

粉煤灰及改性材料的成分分析采用日本理学公司的X射线荧光光谱仪（XRF型号：primus-2），将样品粉末压片制样，然后进行测试。

2.5.2 X射线衍射

X射线衍射是通过粉末X射线衍射法（XRD）在日本理学D/Max-1200型仪器进行测定。它被广泛应用在材料结构表征与物相分析中，是表征吸附剂晶体结构的基本手段之一，在排除测量过程中的样品平面高度、表面粗糙度、表面应力等因素的干扰后,它表现出测量精度高、易操作、对样品无损伤等特点[8]。其工作原理为:X射线入射到晶体中,样品原子中的电子和原子核受入射电磁波的作用而发生振动;原子核的振动因其质量很大而忽略不计;振动的电子成为次生X射线的波源,由于晶体结构具有周期性,这些电子的散射波在一些方向上相互叠加构成可观测到的衍射线,但这些散射波在另外一些方向上相互抵消而没有衍射线;测定的这些可观察到的衍射波的方向和强度可用来测定晶体中原子的空间排列方式,也就是晶体结构。

测定样品 XRD 的光源采用 Cu 靶 K_α 射线辐射,$\lambda = 0.15418nm$,管电压 40kV,管电流 40mA。小角 XRD 的测定条件:发散狭缝(DS):0.17°;防散射狭缝(SS):0.17°;接受狭缝(RS):0.15mm;扫描速度为 0.5°/min;扫描范围为 0.5°~8°。大角 XRD 表征条件:DS = SS = 1°,RS 为 0.3mm,扫描速度为 10°/min,扫描范围为 10°~90°。

测定所得衍射图谱可以通过与 XRD 衍射图谱库中的图谱进行比对的方式来鉴定所测样品的晶相。

2.5.3 N₂ 吸脱附等温线

N₂ 吸脱附等温线的表征是用美国康塔 Nova 4200e 快速全自动比表面和孔径分布分析仪,在-196℃的液氮环境下进行测定的,样品在分析前于 250℃高真空条件下脱气预处理 2h。就液氮吸脱附过程中的相对压力(平衡蒸气压与饱和蒸气压的比值)和吸附量来绘制曲线,根据国际理论与应用化学会(IUPAC)的分类,所得曲线类型有 6 种,具体如图 2-1 所示。在这 6 种等温线类型中,Ⅰ、Ⅱ、Ⅳ和Ⅵ四种主要适用于多孔材料,并根据国际理论与应用化学会的定义对各种曲线进行了材料结构的划分:Ⅰ型等温线在较低的相对压力下(氮气吸附 $P/P_0 <$ 0.3)达到较强吸附能力且达到平衡,它被认为材料是微孔(孔径小于 2nm)结构的标志;Ⅱ型等温线在低相对压力下出现了一个明显的台阶,但当相对压力增加到中间值左右时则没有明显的突跃,这被认为所表征材料是大孔材料(孔径大于 50nm);Ⅳ型吸附等温线曲线出现了两个明显的突跃,在较低相对压力下的吸附是单分子层吸附,之后发生多层吸附,进一步增加相对压力时发生毛细管凝聚现象,吸附等温线出现第二个突跃,这被认定为介孔材料的典型特征(孔径在 2~50nm 范围内),毛细管凝聚发生处的相对压力值大小与材料孔径值有一定关联,当毛细管凝聚的相对压力值越大则表明待测样品的介孔孔径越大;Ⅵ型等温线出现了多段吸附台阶,主要是因为材料表面有几组能量不等的吸附活性位点,而每一个台阶代表能量相同的吸附点,这是超微孔固体材料的特点[9]。

在 N₂ 吸脱附等温线中,如果吸附-脱附不完全可逆,那么吸附曲线和脱附曲线就不会完全重合,这一现象被称为迟滞效应,常见在Ⅳ型等温线。由于单层吸

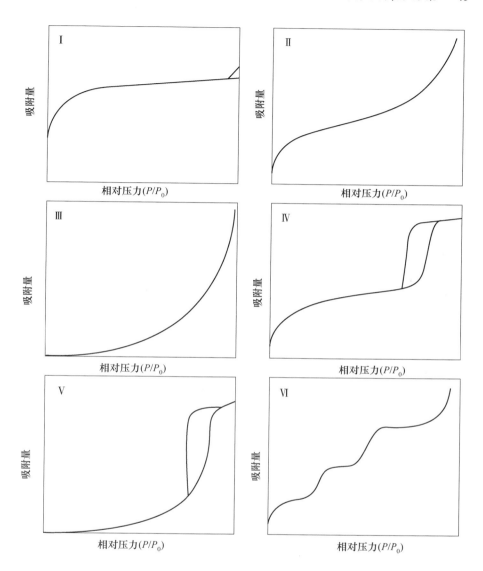

图 2-1 N$_2$ 吸脱附等温线分类[9]

附是可逆的,所以在较低相对压力值范围内不存在迟滞现象。根据迟滞环（H1、H2、H3 和 H4）的形状（见图 2-2），可简单地分析出材料孔穴的几何效应[9]。一般情况下：H1 型滞后环中的吸附和脱附部分的曲线都非常陡，两条线几乎直立且平行，表明此类孔多半是均匀大小且形状规则的；H2 型滞后环中的吸附曲线是缓慢上升，而脱附曲线是几乎直立的，这种孔归属于瓶状孔；H3 型和 H4 型的滞后环多归因于狭缝状孔道，H4 型为尺寸和形状都均匀的孔，H3 型则是非均匀的孔。

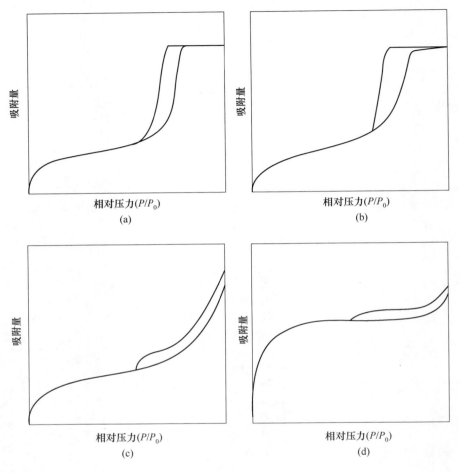

图 2-2 迟滞环分类[9]
(a) H1; (b) H2; (c) H3; (d) H4

关于比表面积的计算本书是采用 Brunauer-Emmett-Teller（BET）方法进行计算的，而 BET 公式——多分子层吸附等温式认为固体表面是均匀的，第一层被吸附的分子间没有相互作用，但第一层被吸附的分子还可以借助范德华力再吸附第二层、第三层分子，形成多分子层吸附，且各吸附层之间存在着吸附和脱附的动态平衡。BET 方法计算表面积的公式见式（2-1）。

$$S_{BET} = (V_m/22.414)N_A A_m \quad (2\text{-}1)$$

式中，V_m 为液氮分子的单分子层体积（根据测得的吸附体积、相对压力等计算出）；22.414 为气体的摩尔体积；N_A 为阿伏伽德罗常量；A_m 为一个吸附质分子所覆盖的面积，氮气分子一般为 0.162nm^2。

BET 法测定材料表面积的关键是通过实验测得一系列的平衡压力 P 和平衡吸附量 V，一般选用 $0.05\sim0.35$ 相对分压范围内的数据；然后将 $\frac{P}{V(P_0-P)}$ 对 $\frac{P}{P_0}$ 作图，得到的这条直线截距为 $\frac{1}{cV_m}$（c 是与吸附焓有关的常数），斜率为 $\frac{c-1}{cV_m}$，通过斜率截距就可得到单层饱和吸附量 V_m，V_m 的计算公式见式（2-2）。

$$V_m = \frac{1}{斜率 + 截距} \tag{2-2}$$

关于孔径分布及相关计算，本研究的改性材料采用目前历史最长、普遍被接受的经典孔径计算模型——Barrett-Joyner-Halenda（BJH）。在计算时，选择相对压力在 $0.05\sim1.0$ 范围的数据进行计算，其中既可以采用吸附分支的数据，也可以采用脱附分支的数据。

2.5.4 扫描电镜

扫描电子显微镜（SEM）是通过将电子线照射于待测样品表面来得到样品表面形貌特征。即从电子枪阴极发出的电子束在阴阳极之间加速电压的作用下射向镜筒，经过聚光镜及物镜的会聚作用，缩小成直径约几毫微米的电子探针。在物镜上部扫描线圈的作用下，电子探针在样品表面做光栅状扫描并且激发出多种电子信号。这些电子信号被相应的检测器检测，经过放大、转换、变成电压信号最后被送到显像管的栅极上并且调制显像管的亮度。显像管中的电子束在荧光屏上也做光栅状扫描，而且这种扫描运动与样品表面电子束的扫描运动同步，这样即获得衬度与所接收信号强度相对应的扫描电子像。

在测定时，试样的导电性能直接影响对图像的观察和拍照记录。故而，当在测定一些导电性能不好的试样时，一般需要对样品进行预处理来增强其导电性。目前，常用的预处理方法是金属镀膜法，也就是采用特殊装置将金、铂和钯等电阻率小的金属覆盖在试样表面。具体有真空镀膜法和离子溅射镀膜法。

在此技术研究中，扫描电镜采用美国 FEI 公司热场发射 QUANTA FEG 400 型仪器来测定样品的形貌，所有样品测定都在 10kV。测定前先将样品通过超声分散后滴加在铜台上，然后通过磁控溅射镀金来增强样品的导电性。

2.5.5 透射电镜

透射电子显微镜（TEM）是材料微观结构的一种重要分析和表征手段，可以解决 SEM 表征过程中无法检测材料内部结构的弊端，它通过材料内部对电子的散射和干涉作用成像，一般给出样品所有深度同时聚焦的投影像。可以清晰给出试样的孔洞结构。与 SEM 相比，TEM 要求样品要很薄，电子束要穿透待测样品，穿透样品后的电子受样品晶格场的影响，入射电子发生能量或运动方向的改变并采集电子信号，根据电子束运动方向的改变可判断样品的晶体孔道结构。

在此技术研究中选用高分辨透射电镜（美国 FEI 公司 Tecnai G2 F20 场发射透射电子显微镜）在 200kV 下测定。取适量样品超声震荡，用带有支持膜的铜网在样品悬浮液中捞取样品备用。

2.5.6 傅里叶变换红外吸收光谱

傅里叶变换红外吸收光谱（FT-IR）作为"分子的指纹"广泛地用于分子结构和物质化学组成的检测。可根据分子对红外光吸收后得到谱带频率的位置、强度和形状等来确定分子的空间构型，也可利用特征吸收谱带的频率推断待测样中含有某一基团或键。具有样品处理操作简便、样品用量少、测量速度快等优点。其测定原理是：当吸附剂官能团吸收红外辐射后，在振动能级之间发生跃迁；由于分子中原子的振动能级是量子化的，而且对于特定官能团它具有特征的振动能级，从而可用于吸附剂官能团结构的鉴定。

本书中 FT-IR 主要是用来测定吸附剂表面官能团在吸附砷物种前后的变化[10]。本书所有样品的 FT-IR 是用美国赛默飞尼高力红外光谱仪 Nicolet iS5 来进行测定的，分辨率为 $0.4cm^{-1}$，对于白色样品，用 KBr 将其与样品按照 100∶1 的比例压片，深色样品是将 KBr 与待测样品按照 300∶1 的比例来进行压片，然后在 $4000\sim400cm^{-1}$ 的波数范围内扫描待测样。

在用红外光谱晶型物质定性分析中时，需将检测所得光谱谱图与纯物质的标准谱图来做校验。而这些标准图谱除了选用纯物质在相同实验条件下测得之外，还可以通过查阅标准图谱库，将检测样品图与标准图进行比对，如萨特勒（Sadtler）谱图集[11]。

2.5.7 X 射线光电子能谱分析

X 射线光电子能谱分析（XPS）是用具有足够能量的 X 射线光子来辐射待测固体样品材料，在光子的能量超过原子核外电子束缚时，原子或分子的内层电子或价电子会挣脱束缚被激发发射出来，被激发出来的电子称为光电子，可以测量光电子的能量[12]。由于光电子的束缚能是固定不变的，所以结合能由光电子的动能决定，以光电子的动能为横坐标，相对强度（脉冲/s）为纵坐标可做出光电子能谱图，根据出峰所在的结合能位置来获得待测物组成和各元素的电子环境。

XPS 在定性分析材料表面元素时，主要是通过测定电子的结合能来实现，包括元素在材料表面的价态。本书选用的测试仪器为美国赛默飞世尔科技公司 ESCALAB 250Xi，单色 Al K_α（$h\nu = 1486.6eV$），功率 150W，500μm 直径束斑，材料的所有出峰位置用 C 1s 的结合能 284.8eV 进行校准。矫正后的数据再到标准谱中进行查询，进而确定元素的电子环境。

2.5.8 Zeta 电位

Zeta 电位测定选用酸碱滴定法,在酸碱滴定中通过添加试剂而发生溶液 pH 值变化,用 HCl 或 NaOH 溶液调节去离子水的 pH 值,向其中加入 2g/L 的吸附剂(X 型沸石或 2.5%CTS-XZ)材料,摇匀后进行 Zeta 电位测试,每个样品测试 5 次,取其平均值。其中 Zeta 电位计算公式为

$$U_E = \frac{2\varepsilon\zeta}{3\eta}g(ka) \tag{2-3}$$

式中,U_E 为电泳淌度(即单位电场下的电泳速度);ε 为介电常数,F/m;ζ 为 Zeta 电位,mV;η 为黏度;$g(ka)$ 为 Henry 函数。

通过测得粒子的淌度,查到介质的黏度、介电常数等参数,即可计算出 Zeta 电位。

2.6 材料吸附性能评价依据

2.6.1 吸附反应因素的影响

在用吸附法去除污染物过程中,吸附剂种类、吸附剂结构性质、吸附液 pH 值、吸附质初始浓度、吸附剂投加量、接触时间、体系温度和共存组分等都会对污染物去除效果起到一定影响[13-16]。本小节对其具体介绍。

2.6.1.1 吸附剂种类

吸附材料,由于其具有特殊的官能团可有效地从污染体系(气相或液相)中分离去除污染成分,现在关于某一特定吸附质有研究的吸附材料就有很多种,如氟离子吸附剂就有氧化铝、改性壳聚糖、活性炭、沸石、炉渣等[17]。就第 1 章中所列出的各砷吸附剂,如碳类材料、矿物质和金属氧化物等,它们在没有表面改性和结构改性的基础上,因为各材料种类的不同,所带官能团类型和电子结构等呈现出不同,所以对砷表现出不同的去除能力。如第 1 章中所提及的传统商业活性氧化铝的砷吸附性能优于商业活性炭、高岭土、蒙脱石等,Al—OH 和 Zr—OH 对砷的亲和性大于 Si—OH[18-20]。

2.6.1.2 吸附剂结构性质

在选定吸附剂种类后,吸附剂本身的结构性质(形貌、孔道结构、表面积、孔径和孔容等)对污染物的去除性能也会产生影响[21]。如介孔孔道的氧化铝由于所带电量是传统氧化铝的 45 倍以上,所以其对砷的吸附能力大于传统商业活性氧化铝[22-23],这说明吸附剂中适宜吸附质扩散、运输的孔道结构的存在更有利于大量的吸附质到达吸附剂孔内部,从而与内部吸附位点发生作用并去除大量的吸附质;较大比表面积可提供更多的吸附位点,而大量活性位点的暴露可使更多的吸附质与

之发生作用，所以较大比表面积也利于吸附质的去除。据现有研究，吸附材料的比表面积和孔道结构等性质都可随着材料合成方法、原料种类、合成过程中的因素（如温度、时间、反应物比例、压强等）等而改变，所以对吸附剂合成过程中各反应因素对砷去除性能的影响展开研究就显得尤为重要[24]。

2.6.1.3 吸附液 pH 值

水体 pH 值是影响污染物从水体中去除的最主要因素之一，其原因主要是吸附液 pH 值会影响吸附质在水体中的存在形式和吸附剂在水体中所带电荷的属性[25-26]。其中，就 As（V）为例来看吸附液 pH 值对砷在水体存在形式的影响，具体如图 2-3 所示。即在水溶液 pH 值小于 2.14 左右时，As（V）主要以 H_3AsO_4 分子的形式存在；在水溶液 pH 值在 2.14~6.7 时，H_3AsO_4 解离程度增大，As（V）从 H_3AsO_4 形式逐步转变为 $H_2AsO_4^-$，并在 4.5~5 的范围内 $H_2AsO_4^-$ 含量达到最大；在溶液 pH 值大于 5 时，As（V）从 $H_2AsO_4^-$ 逐渐向 $HAsO_4^{2-}$ 解离；在水溶液 pH 值在 6.7~11.8 时，水体中 As（V）的主要存在形式从 $H_2AsO_4^-$ 转变为 $HAsO_4^{2-}$，并在 9~9.5 的范围内 $HAsO_4^{2-}$ 含量达到最大。此外，吸附液 pH 值影响吸附剂在水体中所带电荷的属性最主要是表现在：在水溶液 pH 值小于吸附剂等电点时，吸附剂表面因质子化会带有正电荷；在水溶液 pH 值大于吸附剂等电点时，吸附剂表面因去质子化而带有负电荷。所以在不同 pH 值条件下，砷与吸附剂之间的作用方式会因为吸附剂电荷属性和砷物种存在形式的电荷数不同而不同，并进一步影响除砷效果。

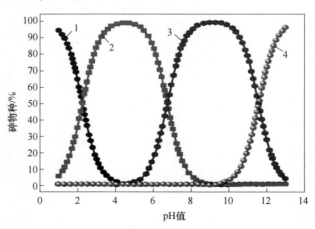

图 2-3 As（V）在不同 pH 值下的存在形式
1—H_3AsO_4；2—$H_2AsO_4^-$；3—$HAsO_4^{2-}$；4—AsO_4^{3-}

2.6.1.4 吸附质（剂）浓度

吸附质初始浓度对吸附质去除率有直接的影响，这主要是因为在固定体积的水溶液中，吸附质砷离子数越多，砷与吸附位点之间相互作用的机会就会增多，从而增加砷在吸附剂表面的吸附量；并随着吸附质初始浓度的增加，材料对污染物的去除率提高。吸附剂浓度即吸附剂用量或吸附剂投加量，它对吸附质去除也产生直接影响，主要是因为它改变了反应体系中活性位点的数量，而活性位点的数量直接决定了体系中被吸附去除的砷含量[27]。所以针对吸附质和吸附剂浓度展开研究是探索吸附剂最佳适用的吸附质条件和吸附活性位点最大限度发挥效力的必要过程。

2.6.1.5 接触时间

吸附反应过程中，吸附质与吸附剂的接触时间不同吸附质的去除情况就不同[28]。一般是随着接触时间的增加，吸附质与吸附剂接触与反应的机会增加，进而增加体系中砷的去除率。随着吸附反应时间的增加，吸附反应逐渐进行到平衡状态。由于吸附过程中，吸附剂吸附吸附质于样品表面的同时，部分已吸附的吸附质会脱离吸附剂发生脱附，在当吸附速率与脱附速率相等，即吸附质去除率不随接触时间发生变化时，吸附质在吸附剂表面和水溶液中的含量也不发生改变的这个状态称为吸附平衡，这同时也是一个动态平衡过程。吸附平衡时，吸附质在溶液中的浓度称为平衡浓度，这时吸附剂对吸附质的吸附量称为平衡吸附量。所以针对接触时间展开研究是非常有必要的，可以更好地分析不同时间状态下吸附质的吸附情况、吸附反应的吸附速率和达到吸附平衡的时间，可为进一步研究平衡时的吸附机理奠定基础。

2.6.1.6 温度

从热力学角度来看，反应过程可分为放热和吸热两种。物理吸附过程一般是放热的，因此，较低温度有利于物理吸附的发生，而提高温度对于此吸附则是不利的，导致吸附容量降低。但在化学反应中，放热和吸热反应都有。在吸热反应中，升高体系温度有利于吸附反应的发生，并加快反应速率和吸附容量。所以在具体吸附反应中，温度对反应机理的揭示发挥重要作用。

2.6.1.7 共存物

由于实际水体中往往不是仅含有某一种组分，而是多种组分共存的，在吸附反应中，针对共存物对污染物的去除展开研究尤为重要。在物理吸附反应中，吸附剂一般可与多种吸附质产生吸附作用，所以带有同种电荷的共存组分会与砷物种发生共同活性位点的竞争吸附，并对目标吸附质的去除起到抑制作用。本研究中，由于砷主要以阴离子形式存在，选用的共存物主要为阴离子，如 HCO_3^-、NO_3^-、CO_3^{2-}、SO_4^{2-}、PO_4^{3-}，并就它们对吸附剂除砷性能的影响情况进行考察。

2.6.2 吸附实验方法

用吸附法研究污染物从水体中分离与去除的实验方案有动态吸附床和静态批

次实验。其中静态批次实验方案更利于考察吸附剂自身的吸附性能，本书中的吸附实验具体操作为：将选定的吸附剂加入装有含砷溶液的锥形瓶中，并将锥形瓶放置在磁力搅拌器中进行反应。当搅拌到预定时间后，取出反应后的混合液于离心管中，并置于离心机中进行固液分离将吸附剂与废水分离，分离后的上清液用来测定残留的砷含量，废弃的吸附剂收集用来做表征检测，以分析吸附机理等。

砷含量的测定。为分析吸附剂的吸附性能和废水中污染物的去除效果，需要对前述吸附实验过程中离心机固液分离出的上清液进行砷含量测定。检测仪器是选用原子荧光光谱仪来进行的，由于此设备的检测限为 10~120ng/mL，需要对样品进行预处理。样品预处理时还需要向待测样品中按体积比添加 10%优级纯的盐酸、10%硫脲和抗坏血酸的混合液。混合液配制是将 25g 抗坏血酸和 25g 硫脲溶解并定容在 500mL 的容量瓶中。

2.6.3 砷去除性能评价

各吸附剂对砷的吸附性能选用去除率和吸附容量这两个指标进行评价，其中去除率和吸附容量分别用式（2-4）和式（2-5）来进行计算[29-30]。

$$\eta = \frac{C_0 - C_t}{C_0} \times 100\% \tag{2-4}$$

式中，η 为砷的去除率，%；C_0 为砷初始浓度，mg/L；C_t 为任意时刻 t 时的砷浓度，mg/L。

$$q = \frac{(C_0 - C_t) \times V}{m} \tag{2-5}$$

式中，m 为吸附剂质量，g；V 为吸附液体积，L；q 为砷的吸附容量，mg/g。

2.7 砷吸附实验方案

2.7.1 活化粉煤灰因素对 As（V）去除性能的影响

活化碱度、活化温度、改性剂种类对砷去除的影响如下。

（1）活化碱度对砷去除的影响。将所得 4 种吸附剂按照剂量 2g/L 分别加入装有 As（V）水溶液的锥形瓶中，并将其置于磁力搅拌器中进行吸附反应。其中，As（V）初始浓度为 1mg/L，溶液 pH 值为 6.6±0.1，吸附温度是室温[（20±2）℃]，吸附时间是 12h。待到预定吸附时间后，将混合液取出置于离心管中进行固液分离，分离后的上清液经原子荧光光谱仪来测定残留 As（V）的浓度。

（2）活化温度对砷去除的影响。将所得 3 种材料按照剂量 2g/L 分别加入装有 As（V）水溶液的锥形瓶中，并将其置于磁力搅拌器中进行吸附反应。其中，As（V）初始浓度为 1mg/L，溶液 pH 值为 6.6±0.1，吸附温度是室温

[(20±2)℃]，吸附时间是 12h。待到预定吸附时间后，将混合液取出置于离心管中进行固液分离，分离后的上清液经原子荧光光谱仪来测定残留 As（Ⅴ）的浓度。

（3）改性剂种类对砷去除的影响。将所得 3 种材料按照剂量 2g/L 分别加入装有 As（Ⅴ）水溶液的锥形瓶中，并将其置于磁力搅拌器中进行吸附反应。同时，为进行对比，将原始粉煤灰样品也作为吸附剂加入上述 As（Ⅴ）水溶液中。其中，As（Ⅴ）初始浓度为 1mg/L，溶液 pH 值为 6.6±0.1，吸附温度是室温 [(20±2)℃]，吸附时间是 15min、30min、90min、120min、180min、240min、360min、480min 和 720min。待到预定吸附时间后，将混合液取出置于离心管中进行固液分离，分离后的上清液经原子荧光光谱仪来测定残留 As（Ⅴ）的浓度。

2.7.2 柠檬酸铁功能化粉煤灰对 As（Ⅴ）去除性能的影响

通过不同条件活化粉煤灰对 As（Ⅴ）的去除研究，得出柠檬酸铁为改性剂、粉煤灰/NaOH 质量比为 1∶1、焙烧温度为 923K 所得材料为最佳 As（Ⅴ）吸附剂，并就其砷吸附过程中的各操作因素进行考察。

2.7.2.1 溶液 pH 的影响

影响吸附性能的各因素中吸附液 pH 值因为可改变材料表面所带电荷，且各 pH 值下 As（Ⅴ）和 As（Ⅲ）的存在形式不一样，所以对其展开研究尤为重要。为研究柠檬酸铁吸附砷过程中溶液 pH 值对吸附性能的影响，研究中通过分别添加吸附剂到装有 As（Ⅴ）和 As（Ⅲ）水溶液的锥形瓶中，并将其置于磁力搅拌器中进行吸附反应。其中，As（Ⅴ）和 As（Ⅲ）的初始浓度为 1mg/L，溶液 pH 值通过添加盐酸或氢氧化钠控制在 5~11 的范围内，吸附温度是室温 [(20±2)℃]，吸附时间是 720min。待到预定吸附时间后，将混合液取出置于离心管中进行固液分离，分离后的上清液经原子荧光光谱仪来测定残留 As（Ⅴ）和 As（Ⅲ）的浓度。

2.7.2.2 溶液初始浓度的影响

在考察初始 As（Ⅴ）和 As（Ⅲ）浓度对柠檬酸铁修饰粉煤灰对砷去除率影响的过程中，通过将柠檬酸铁修饰粉煤灰吸附剂分别添加到装有 As（Ⅴ）和 As（Ⅲ）水溶液的锥形瓶中，并将其置于磁力搅拌器中进行吸附反应。其中，初始 As（Ⅴ）和 As（Ⅲ）浓度为 0.25mg/L、0.5mg/L、1mg/L、2mg/L、4mg/L，As（Ⅴ）水溶液的 pH 值为 8.5±0.1，As（Ⅲ）水溶液的 pH 值为 10.0±0.1，吸附温度为室温 [(20±2)℃]，吸附剂添加量为 2g/L，吸附时间分别为 15min、30min、90min、120min、180min、240min、360min、480min、720min、1440min。待到预定吸附时间后，将混合液取出置于离心管中进行固液分离，分离后的上清液经原子荧光光谱仪来测定残留 As（Ⅴ）和 As（Ⅲ）的浓度。

2.7.2.3 吸附剂量的影响

在考察柠檬酸铁修饰粉煤灰吸附剂投加量对砷去除率影响的过程中，通过将不同质量柠檬酸铁修饰粉煤灰吸附剂分别添加到装有 As（V）和 As（Ⅲ）水溶液的锥形瓶中，并将其置于磁力搅拌器中进行吸附反应。其中，初始 As（V）和 As（Ⅲ）浓度为 1mg/L，As（V）和 As（Ⅲ）水溶液体积为 50mL，As（V）水溶液的 pH 值为 8.5±0.1，As（Ⅲ）水溶液的 pH 值为 10.0±0.1，吸附温度为室温 [（20±2）℃]，吸附时间分别为 15min、30min、90min、120min、180min、240min、360min、480min、720min，吸附剂添加量分别为 0.05g、0.1g、0.2g、0.4g。待到预定吸附时间后，将混合液取出置于离心管中进行固液分离，分离后的上清液经原子荧光光谱仪来测定残留 As（V）和 As（Ⅲ）的浓度。

2.7.2.4 共存阴离子的影响

由于实际水体成分往往比较复杂，所以就共存离子对吸附质去除的影响展开研究尤为重要，由于砷在水体中多以阴离子形式存在，所以关于此部分的研究主要以常见阴离子为共存物来进行研究。具体考察过程中，通过将吸附剂柠檬酸铁修饰粉煤灰分别添加到装有 As（V）和共存阴离子、As（Ⅲ）和共存阴离子的水溶液锥形瓶中，并将其置于磁力搅拌器中进行吸附反应。其中，初始 As（V）和 As（Ⅲ）浓度为 0.5mg/L，As（V）水溶液的 pH 值为 8.5±0.1，As（Ⅲ）水溶液的 pH 值为 10.0±0.1，吸附温度为室温 [（20±2）℃]，吸附时间是 720min，吸附剂添加量为 2g/L，添加的阴离子类型有 NO_3^-、CO_3^{2-}、HCO_3^-、SO_4^{2-}、PO_4^{3-}，各阴离子浓度为 1mmol/L。待到预定吸附时间后，将混合液取出置于离心管中进行固液分离，分离后的上清液经原子荧光光谱仪来测定残留 As（V）和 As（Ⅲ）的浓度。

2.7.3 X 型沸石对砷的吸附

通过对前述铝源、铝源剂量、NaOH-粉煤灰质量比、不同晶化温度和时间所得沸石样品的 XRD 表征与分析，得出当最佳 NaOH-粉煤灰比为 1.2：1、铝源是 $NaAlO_2$，在铝源添加量 0.038mol、晶化温度为 90℃ 和晶化时间 360min 时所得沸石样品的纯度最高的结论，结晶度也最高，所以后期将其用作砷吸附剂，并对各不同操作条件下的吸附性能进行考察。

2.7.3.1 吸附剂比较

分别以合成最佳 X 型沸石和原始粉煤灰为吸附剂，将 0.1g 吸附剂与 50mL As（V）水溶液在锥形瓶中混合起来，并将锥形瓶置于磁力搅拌器中进行吸附反应。具体吸附操作条件为：初始 As（V）浓度为 22.83mg/L，吸附温度是室温 [（20±2）℃]，吸附液 pH 值为 2.14±0.02，吸附反应时间分别为 15min、30min、60min、90min、120min、180min、240min、360min、480min 和 720min。到预定时间后取反应后混合液于离心管中，并置于 3000r/min 的转速下离心 30min，取上清液经处理后用原子荧光光谱仪测定上清液中 As（V）的剩余浓度。

2.7.3.2 溶液 pH 值的影响

将 0.1g X 型沸石与 50mL As（V）水溶液在锥形瓶中混合起来，并将锥形瓶置于磁力搅拌器中进行吸附反应。X型沸石在不同pH值条件下对As（V）去除性能的研究是在酸性环境下进行的，具体实验操作中初始pH值为1.78±0.02、2.14±0.02、2.59±0.02、3.05±0.02、4.03±0.02、4.87±0.02，As（V）初始浓度为22.83mg/L，吸附温度是室温［（20±2)℃］，吸附时间分别为15min、30min、60min、90min、120min、180min、240min、360min、480min和720min。到预定时间后取混合液于离心管中，并置于3000r/min的转速下离心30min，取上清液经处理后用原子荧光光谱仪测定上清液中As（V）的剩余浓度。

2.7.3.3　As（V）初始浓度的影响

将0.1g X型沸石与50mL As（V）水溶液在锥形瓶中混合起来，并将锥形瓶置于磁力搅拌器中进行吸附反应。其中，As（V）水溶液的浓度为2.50mg/L、5.16mg/L、12.20mg/L、22.83mg/L、43.42mg/L，吸附温度是室温［（20±2)℃］，初始pH值为2.14±0.02，吸附时间分别为15min、30min、60min、90min、120min、180min、240min、360min、480min和720min。到预定时间后取混合液于离心管中，并置于3000r/min的转速下离心30min，取上清液经处理后用原子荧光光谱仪测定上清液中As（V）的剩余浓度。

2.7.3.4　X型沸石添加量的影响

吸附剂投加的数量会直接影响到吸附反应体系中活性位点的数量，研究中为考察X型沸石添加量对体系中砷去除效果的影响，将吸附剂用量分别控制在0.8g/L、1.4g/L和2.0g/L的条件下。其他实验操作因素参数为初始pH值为2.14±0.02，As（V）水溶液的初始浓度为22.83mg/L，吸附温度是室温［（20±2)℃］，吸附反应时间分别为15min、30min、60min、90min、120min、180min、240min、360min、480min和720min。即将定量X型沸石与50mL As（V）水溶液在锥形瓶中混合起来，并将锥形瓶置于磁力搅拌器中进行吸附反应。到预定时间后取混合液于离心管中，并置于3000r/min的转速下离心30min，取上清液经处理后用原子荧光光谱仪测定上清液中As（V）的剩余浓度。

2.7.3.5　体系温度的影响

将0.1g吸附剂X型沸石与50mL As（V）水溶液在锥形瓶中混合起来，然后把锥形瓶置于磁力搅拌器中进行吸附反应，并用水浴控温装置对反应温度进行控制。具体反应操作参数为：As（V）水溶液的初始浓度为22.83mg/L，初始pH值为2.14±0.02，反应时间为720min，用水浴控温装置将吸附反应温度控制在（20±2)℃、（35±2)℃、（50±2)℃、（65±2)℃。到预定时间后取混合液于离心管中，并于3000r/min转速的离心机中离心30min，取上清液经处理后用原子荧光光谱仪测定上清液中As（V）的含量，并计算出反应前后As（V）的浓度变化。

2.7.4　壳聚糖改性X型沸石对As（V）的去除

2.7.4.1　吸附剂比较

用不同负载量所得壳聚糖-X型沸石复合材料为吸附剂，将吸附剂和50mL

As（V）水溶液在锥形瓶中混合起来，并将锥形瓶置于磁力搅拌器中进行吸附反应。具体反应参数为不同质量比负载的壳聚糖-X型沸石复合吸附剂添加量为0.1g，As（V）初始浓度为22.83mg/L，As（V）水溶液pH值为2.14±0.02，反应温度为室温[（20±2）℃]，反应时间为720min。到预定时间后取混合液于离心管中，并置于3000r/min的转速下离心30min，取上清液经处理后用原子荧光光谱仪测定上清液中As（V）的剩余浓度。

2.7.4.2　初始As（V）和接触时间的影响

以吸附剂比较中所得吸附性能最好的材料为吸附剂，并就其进行初始As（V）和接触时间的影响。实验过程中，将吸附剂和50mL As（V）水溶液在锥形瓶中混合起来，并把锥形瓶置于磁力搅拌器中进行吸附反应。具体反应参数：As（V）水溶液pH值为2.14±0.02，吸附剂用量为0.1g，反应温度为室温[（20±2）℃]，As（V）初始浓度为5mg/L、10mg/L、22.83mg/L、45mg/L、90mg/L、150mg/L，各浓度条件下的接触时间分别为15min、30min、60min、90min、120min、180min、240min、360min、480min、720min。到预定时间后取混合液于离心管中，并置于3000r/min的转速下离心30min，取上清液经处理后用原子荧光光谱仪测定上清液中As（V）的剩余浓度。

2.7.4.3　壳聚糖-X型沸石复合材料剂量的影响

以吸附剂比较实验中所得吸附性能最好的壳聚糖改性X型沸石材料2.5%K-X为吸附剂，并就不同投加量进行活性位点数量对As（V）去除性能影响的考察。实验过程中，将吸附剂和50mL As（V）水溶液在锥形瓶中混合起来，并把锥形瓶置于磁力搅拌器中进行吸附反应。具体反应参数：As（V）初始浓度为45mg/L，As（V）体积为50mL，溶液pH值为2.14±0.02，反应温度为室温[（20±2）℃]，吸附剂投加量为0.04g、0.07g、0.1g，各吸附剂投加剂量下具体反应接触时间分别为15min、30min、60min、90min、120min、180min、240min、360min、480min、720min。到预定时间后取混合液于离心管中，并置于3000r/min的转速下离心30min，取上清液经处理后用原子荧光光谱仪测定上清液中As（V）的剩余浓度。

2.7.4.4　溶液pH值的影响

以吸附剂比较过程中所得吸附性能最好的壳聚糖改性X型沸石材料2.5%K-X为吸附剂，并就其吸附过程中初始pH值对除砷性能的影响进行考察。实验流程为将0.1g吸附剂与50mL As（V）水溶液在锥形瓶中混合起来，并将锥形瓶置于磁力搅拌器中不断搅拌进行吸附反应，到预定时间后取混合液于离心管中，并置于3000r/min的转速下离心30min，取上清液经稀释后用原子荧光光谱仪测定上清液中As（V）的剩余浓度。具体实验操作参数为：吸附温度是室温[（20±2）℃]，初始As（V）浓度为45mg/L，吸附时间为720min，吸附液初始pH值被控制在2.14±0.02、3.06±0.02、4.06±0.02、4.87±0.02、5.95±0.02、7.12±0.02、8.09±0.02、9.18±0.02和10.03±0.02。

2.7.4.5 体系温度的影响

将 0.1g 吸附剂与 50mL As（V）水溶液在锥形瓶中混合起来，并将锥形瓶置于磁力搅拌器中进行吸附反应，到预定时间后取混合液于离心管中，并置于 3000r/min 的转速下离心 30min，取上清液经处理后用原子荧光光谱仪测定上清液中 As（V）的剩余浓度。具体实验操作参数为：初始水溶液 pH 值为 2.14±0.02，初始 As（V）浓度为 45mg/L，吸附时间为 720min，体系温度被水浴控温装置控制在（20±2）℃、（35±2）℃、（50±2）℃。

2.7.4.6 共存阴离子的影响

将 0.1g 吸附剂与 50mL 含有 As（V）和共存阴离子的水溶液在锥形瓶中混合起来，并将锥形瓶置于磁力搅拌器中进行吸附反应，到预定时间后取混合液于离心管中，并置于 3000r/min 的转速下离心 30min，取上清液经处理后用原子荧光光谱仪测定上清液中 As（V）的剩余浓度。其中，水体中共存阴离子的考察中选用常见阴离子 NO_3^-、CO_3^{2-}、SO_4^{2-}、PO_4^{3-} 进行考察，并控制各阴离子浓度分别为 10mg/L、50mg/L、100mg/L、200mg/L。其他吸附反应参数为：水溶液 pH 值为 2.14±0.02，初始 As（V）浓度为 45mg/L，吸附反应时间为 720min，反应体系温度是室温［(20±2)℃］。

2.7.5 硫酸高铈改性条件对 As（V）去除性能的影响

2.7.5.1 铈源对除砷性能的影响

以硫酸高铈和硝酸铈改性的 ZSM-5K 复合材料 Ce（SO_4）$_2$/ZSM-5K 和 Ce（NO_3）$_3$/ZSM-5K 为吸附剂，室温条件下 As（V）水体为吸附液，将吸附剂与 As（V）水溶液于磁力搅拌器中进行混合并反应，其中吸附剂投加量为 0.05g、砷溶液体积为 50mL，含砷水 pH 值为 3、5、7 和 9 的条件下吸附 24h，砷初始浓度为 10.25mg/L，反应体系温度是室温［(20±2)℃］。

2.7.5.2 载体类型对除砷性能的影响

分别以复合材料 Ce(SO_4)$_2$/ZSM-5、Ce(SO_4)$_2$/ZSM-5K、Ce(SO_4)$_2$/丝光沸石和 Ce(SO_4)$_2$/斜发沸石为吸附剂，室温条件下 As（V）水体为吸附液，将吸附剂与 As（V）水溶液于磁力搅拌器中进行混合并反应，其中砷初始浓度为 10.25mg/L，吸附液 pH 值为 9.0±0.1，吸附反应时间分别为 15min、30min、90min、180min、360min 和 720min，吸附剂投加量为 0.05g，砷溶液体积为 50mL，反应体系温度是室温［(20±2)℃］。

2.7.5.3 铈负载量对除砷性能的影响

分别以复合材料 3% Ce/ZSM-5K、5% Ce/ZSM-5K 和 10% Ce/ZSM-5K 为吸附剂，在含 As（V）浓度为 10.25mg/L 的室温环境下进行砷分离研究，将吸附剂与 As（V）水溶液于磁力搅拌器中进行混合并反应，其中吸附剂投加量为

0.05g，砷溶液体积为50mL，吸附液pH值为9.0±0.1，吸附反应时间为15min、30min、90min、180min、360min和720min。

2.7.6　Ce/ZSM-5K复合材料对As（V）的去除

通过前期铈源、载体类型和铈负载量对As（V）去除性能的影响，筛选出吸附性能最优的材料——5%硫酸高铈改性ZSM-5K复合材料，后期对此材料在吸附过程中吸附因素对除砷性能的影响进行考察。

2.7.6.1　吸附液pH的影响

将吸附剂Ce/ZSM-5K复合材料加入含有As（V）初始浓度为C_0=10.25mg/L的水溶液中，并置于磁力搅拌器上通过磁力搅拌进行混合与反应，吸附液体积为50mL，吸附剂投加量为0.05g，吸附温度为室温［(20±2)℃］，用HCl与NaOH溶液将吸附液pH值调节到3±0.1、4±0.1、5±0.1、6±0.1、7±0.1、8±0.1、9±0.1、10±0.1，吸附时间为12h。到预定时间后取混合液于离心管中，并置于3000r/min的转速下离心30min，取上清液经处理后用原子荧光光谱仪测定上清液中As（V）的浓度，经计算得到剩余浓度值。

2.7.6.2　初始As（V）浓度的影响

将0.05g吸附剂Ce/ZSM-5K复合材料分别加入As（V）水溶液中，并置于磁力搅拌器上通过磁力搅拌进行混合与反应，其中As（V）水溶液初始浓度分别为5.27mg/L、10.25mg/L、20.78mg/L、40.15mg/L和100.77mg/L，砷吸附液体积为50mL，吸附液温度为室温［(20±20)℃］，吸附液初始pH值为9.0±0.1，搅拌时间分别为15min、30min、90min、180min、360min、720min。到预定时间后，将混合液取出置于离心管中进行固液分离，分离后的上清液经原子荧光光谱仪来测定残留As（V）的浓度。

2.7.6.3　吸附剂投加量的影响

将不同质量的吸附剂Ce/ZSM-5K复合材料分别加入初始浓度为10.25mg/L的砷溶液中，并置于磁力搅拌器上通过磁力搅拌进行混合与反应，溶液体积为50mL，吸附液温度为室温［(20±2)℃］，吸附液初始pH值为9.00±0.1，搅拌时间分别为15min、30min、90min、180min、360min、720min，吸附剂投加量分别为0.02g、0.05g和0.1g。到预定时间后，将混合液取出置于离心管中进行固液分离，分离后的上清液经原子荧光光谱仪来测定残留As（V）的浓度。

2.7.6.4　体系温度对Ce/ZSM-5K除As（V）性能的影响

为研究体系温度对砷去除性能的影响，将0.05g吸附剂Ce/ZSM-5K复合材料加入50mL初始砷浓度为10.25mg/L的砷溶液中进行磁力搅拌，吸附液初始pH值为9.00±0.1，搅拌时间分别为15min、30min、90min、180min、360min、720min。反应体系温度的调控是通过将装有砷溶液和吸附剂混合物的锥形瓶放入水浴控温装置中将温度控制在室温[(20±2)℃]、35℃和50℃。待到预定时间后,将混合液取出置于离心管中进行固液分离,分离后的上清液经原子荧光光谱仪来测定残留As(Ⅴ)的浓度。

2.7.6.5 共存阴离子对Ce/ZSM-5K除As(Ⅴ)性能的影响

为了研究共存阴离子的影响,将0.05g吸附剂Ce/ZSM-5K复合材料加入50mL含有初始砷浓度为10.25mg/L和共存阴离子的混合水溶液中进行磁力搅拌,吸附液初始pH值为9.00±0.1,搅拌时间为720min,反应温度为室温。阴离子类型有NO_3^-、CO_3^{2-}、SO_4^{2-}、PO_4^{3-},4种共存阴离子被考察的浓度分别为5mg/L、50mg/L、100mg/L和200mg/L。待到预定时间后,将混合液取出置于离心管中进行固液分离,分离后的上清液经原子荧光光谱仪来测定残留As(Ⅴ)的浓度。最后,用去除率对影响结果进行分析。

2.8 砷吸附性能评价方法

2.8.1 吸附等温线

在一定温度下,吸附剂与吸附质之间的吸附反应达到动态平衡状态时,吸附剂对吸附质的吸附容量值与吸附质在溶液中的浓度值之间的关系曲线被称为吸附等温线[31]。现常见的代表性等温线模型有Langmuir型、Freundlich型和Dubinin-Radushkevich(D-R)型等,并且研究者根据等温线的变化规律,总结出了相关数学表达式,相应的数学表达式被称为吸附等温式或吸附等温模型[32-33]。

2.8.1.1 朗格缪尔吸附等温线

朗格缪尔(Langmuir)吸附等温式是Langmuir在1918年提出的最基本的吸附理论。Langmuir认为吸附质与吸附剂表面之间是通过弱的化学作用而反应的,且这种作用力只能实现单分子层厚度的吸附作用。Langmuir吸附等温式的提出是依据几点假定理论:(1)吸附剂表面存在大量的吸附活性中心,吸附只发生在这些活性中心点上;(2)吸附剂表面是均匀表面,即各个吸附中心都具有相等的吸附能,并在各中心均匀分布;(3)吸附活性中心的作用范围只有分子大小,且每个活性中心只能吸附一个分子;(4)当表面吸附活性中心完全被占据时,吸附量达到饱和,此时吸附剂表面为单分子层吸附质所覆盖[34]。

吸附平衡浓度和吸附量之间的关系用Langmuir吸附等温式来表达,即式(2-6)[35]:

$$q_e = \frac{q_{max}bC_e}{1+bC_e} \tag{2-6}$$

式中,q_e为平衡吸附容量,mg/g;q_{max}为吸附剂表面形成最完整单分子层吸附时的最大吸附容量,mg/g;C_e为吸附质平衡浓度,mg/L;b为Langmuir吸附常数。

经公式变换，得出线性形式的公式，即式（2-7）。

$$\frac{C_e}{q_e} = \frac{1}{q_{max}b} + \frac{C_e}{q_{max}} \tag{2-7}$$

数据处理过程中，以 C_e 为横坐标，q_e 为纵坐标，将所得实验数据点绘在图中，运用 Langmuir 吸附等式（2-6）对坐标系中的数据进行拟合，得到分析曲线；或者以 C_e 为横坐标，C_e/q_e 为纵坐标，将所得实验数据点绘在图中，运用 Langmuir 吸附等式（2-7）对坐标系中的数据进行拟合，得到直线；以所得图中的参数值来计算和得到 q_{max} 值和 b 值。对于线性与实际实验数值的拟合程度，可选用回归系数 R^2 与 1.0 的接近程度来评价。

Langmuir 吸附等温式的缺点是：（1）其假设观点中吸附是单分子层吸附，但吸附反应本身是较为复杂的；（2）观点假设吸附剂表面是均匀的，但其实大部分表面是不均匀的。

2.8.1.2 弗兰德里希吸附等温线

弗兰德里希（Freundlich）吸附等温式是 Freundlich 在 1926 年提出的平衡浓度与平衡吸附容量之间的半经验方程，他认为吸附具有可逆性，假定在非均匀表面上发生吸附，考虑的是非均匀表面的非理想吸附。这个公式的本身是经验公式，但现在已被证实了。

吸附平衡浓度和吸附量之间的关系用 Freundlich 吸附等温式来表达，即式（2-8）[36-37]：

$$q_e = K_f \cdot C_e^{\frac{1}{n}} \tag{2-8}$$

对式（2-8）两边取对数，则得式（2-9）：

$$\ln(q_e) = \ln(K_f) + \frac{1}{n}\ln(C_e) \tag{2-9}$$

式中，q_e 为平衡吸附容量，mg/g；C_e 为平衡时的吸附质浓度，mg/L；K_f 和 $1/n$ 为 Freundlich 经验常数。

数据处理过程中，以 C_e 为横坐标，q_e 为纵坐标，将所得实验数据点绘在图中，运用 Freundlich 吸附等式（2-8）对坐标系中的数据进行拟合，得到分析曲线；或者以 $\ln C_e$ 为横坐标，$\ln q_e$ 为纵坐标，将所得实验数据点绘在图中，运用 Freundlich 吸附等式（2-9）对坐标系中的数据进行拟合，得到分析直线；以所得图中的参数值来计算和得到 K_f 值和 $1/n$ 值。一般认为 $1/n$ 越小，吸附系统的吸附性能越好；当 $1/n$ 在 0.1~0.5 范围内时容易吸附，当 $1/n$ 大于 2 时，则表明吸附难以发生。

弗兰德里希吸附等温式在一定浓度范围内与朗格缪尔吸附等温式比较接近，但在较高浓度时不像朗格缪尔吸附等温式一样趋于一个定值；低浓度时也不会还原成一条直线。

2.8.1.3 D-R 吸附等温线

Dubinin-Radushkevich（D-R）吸附等温线[38]的提出是基于 Polanyi 吸附理论，这一理论认为固体吸附剂表面就像行星的重力场，对附近的吸附质有一个引力，并将吸附质吸引到吸附剂表面，形成多分子层吸附。D-R 表达式见式（2-10）。

$$q_e = q_m \cdot \exp(-\beta \cdot \varepsilon^2) \tag{2-10}$$

式中，q_e 为平衡吸附容量，mg/g；q_m 为最大吸附容量，mg/g；β 为吸附过程中的相关常数；ε 为吸附电位。

ε 的值与溶液中吸附质的浓度有关，其计算公式见式（2-11）。

$$\varepsilon = RT \ln\left(1 + \frac{1}{C_e}\right) \tag{2-11}$$

式中，R 为理想气体常数，8.314J/(mol·k)；T 为绝对温度，K。

在用吸附等温式（2-10）和式（2-11）对吸附平衡数据进行拟合分析时，所得模型拟合实验数据的吻合程度用方程的回归系数和计算所得理论最大吸附容量与实验数据的相似性来判断。其中，回归系数约接近于 1.0，吸附等温式计算所得理论最大吸附容量与实验数据越接近，那吸附等温方程的拟合度最好。当这两个指标都无法判断时，可用卡方检验（χ^2）对等温模型的适用性进行分析。卡方检验的表达式见式（2-12）[39]：

$$\chi^2 = \sum \frac{(q_e - q_m)^2}{q_m} \tag{2-12}$$

式中，q_e 为吸附平衡时的吸附容量，mg/g；q_m 为理论计算的吸附容量，mg/g。

2.8.2 吸附动力学

除平衡吸附容量这一指标来评价吸附剂性能外，吸附过程中吸附速率是另一重要评价方式。吸附速率除有效考察吸附反应的平衡时间之外，还可通过吸附速率的控制步骤来揭示吸附反应的反应机理[40]。

吸附质的吸附和迁移过程可大致分为颗粒的外部扩散、颗粒的内部扩散和吸附反应这三个步骤。而这每个步骤的速率都会影响整个吸附过程的速率。其中，（1）颗粒外部扩散阶段，也就是吸附质通过吸附剂表面的"液膜"扩散到吸附剂外表面的过程，又称为膜扩散；（2）颗粒内部扩散阶段，也就是通过膜扩散到达吸附剂表面的吸附质继续向吸附剂孔隙深处扩散到达吸附剂内表面的过程，又称为内扩散；（3）吸附反应阶段，也就是通过扩散到达吸附剂外表面和内表面吸附活性中心的吸附质被吸附的过程。为进一步分析吸附质在吸附剂表面的吸附速率，研究者通常用准一级动力学、准二级动力学和内扩散模型等对吸附所得实验数据进行分析。

基于固体吸附量的 Lagergren（拉格尔格伦）准一级动力学速率方程是几种模型中最为常见的，其表达式见式（2-13）[41]：

$$q_t = q_e(1 - e^{-k_1 t}) \tag{2-13}$$

经公式变换，得出线性形式的公式，即式（2-14）。

$$\ln(q_e - q_t) = \ln q_e - k_1 t \tag{2-14}$$

式中，q_e 为平衡吸附容量，mg/g；q_t 为 t 时刻的吸附容量，mg/g；k_1 为准一级速率方程的速率常数，$\min^{-1}$；t 为吸附时间，min。

用准一级动力学分析时，以 t 为横坐标，q_t 为纵坐标，将所得实验数据点绘在图中，运用准一级动力学方程式（2-13）对坐标系内的数据进行拟合，得到分析曲线；或者以 t 为横坐标，$\ln(q_e - q_t)$ 为纵坐标，将所得实验数据点绘在图中，运用准一级动力学方程式（2-14）对坐标系内的数据进行拟合，得到直线；以所得图中的参数值来计算和得到 q_e 值和 k_1 值。

准二级动力学方程式基于吸附速率受化学吸附机理控制的假定，这个化学吸附涉及吸附剂与吸附质之间的电子共用或者电子转移。准二级动力学速率方程的表达式见式（2-15）。

$$q_t = \frac{q_e^2 k_2 t}{1 + q_e k_2 t} \tag{2-15}$$

将式（2-15）两边变换，得出线性形式的公式，式（2-16）。

$$\frac{t}{q_t} = \frac{1}{k_2 q_e^2} + \frac{1}{q_e} t \tag{2-16}$$

式中，q_e 为平衡吸附容量，mg/g；q_t 为 t 时刻的吸附容量，mg/g；k_2 为准二级速率常数，g/(mg·min)；t 为吸附时间，min。

用准二级动力学分析时，以 t 为横坐标，q_t 为纵坐标，将所得实验数据点绘在图中，运用准二级动力学方程式（2-15）对坐标系内的数据进行拟合，得到分析曲线；或者以 t 为横坐标，t/q_t 为纵坐标，将所得实验数据点绘在图中，得到分析直线；以所得图中的参数值来计算和得到 q_e 值和 k_2 值。

内扩散速率方程模型常用来分析吸附反应中的控制步骤，并求出吸附剂的颗粒内扩散速率常数。内扩散速率方程的表达式见式（2-17）[42-43]。

$$q_t = k_3 t^{1/2} + C \tag{2-17}$$

式中，q_t 为 t 时刻的吸附容量，mg/g；k_3 为内扩散速率常数，g/(mg·min)；t 为吸附时间，min；C 为涉及的厚度、边界层的常数。

内扩散吸附动力学方程是以 $t^{1/2}$ 为横坐标，q_t 为纵坐标，将所得实验数据点绘在图中，通过式（2-17）对坐标系内的数据进行拟合，得到分析直线，且经过原点，则说明内扩散是由唯一速率控制步骤。

2.8.3 吸附热力学

通过对吸附剂在不同温度环境下对砷吸附性能的考察，即温度对吸附剂吸附性能影响的数据可用来评价介孔氧化铝吸附剂对砷的吸附热力学。吸附热力学参数有吉布斯自由能 $\Delta G^{\ominus}$(kJ/mol)，吸附焓变 $\Delta H^{\ominus}$(kJ/mol) 和熵变 $\Delta S^{\ominus}$(kJ/mol)。它们的计算公式如下[44-45]：

$$\Delta G^{\ominus} = -RT \ln K_{\alpha} \quad (2\text{-}18)$$

$$\Delta G^{\ominus} = \Delta H^{\ominus} - T\Delta S^{\ominus} \quad (2\text{-}19)$$

式中，$\Delta G^{\ominus}$、$\Delta H^{\ominus}$ 和 $\Delta S^{\ominus}$ 如前所定义的；T 为吸附反应的热力学温度，K；R 为理想气体常数，8.314×10^{-3} kJ/(mol·K)；K_{α} 是固-液分配系数，其计算公式见式 (2-20)。

$$K_{\alpha} = \frac{C_{\text{ads}}}{C_{\text{e}}} \quad (2\text{-}20)$$

式中，C_{ads} 和 C_{e} 分别是吸附质在固相和液相中的浓度，mg/L。

综合式 (2-18) 和式 (2-19)，并对其变形后，可得式 (2-21)：

$$\ln K_{\alpha} = \frac{\Delta S^{\ominus}}{R} - \frac{\Delta H^{\ominus}}{R} \times \frac{1}{T} \quad (2\text{-}21)$$

所以，根据实验所得实际实验数据，就 $\ln K_{\alpha}$ 和 $1/T$ 作图，再从直线方程所得斜率和截距计算焓变 $\Delta H^{\ominus}$ 值和熵变 $\Delta S^{\ominus}$ 值。一般情况下：吉布斯自由能 $\Delta G^{\ominus} < 0$ 则表明此吸附反应过程是自发进行的，随温度升高，$\Delta G^{\ominus}$ 减小则说明温度升高有利于该反应的进行；吉布斯自由能数值大小可以反映吸附过程的推动力大小，绝对值越大表明吸附推力越大；吸附焓变 $\Delta H^{\ominus} > 0$ 表明吸附过程是吸热的，小于零则放热；吸附焓在量值上等于吸附热，吸附热一般会随着吸附量的增加而下降，这说明固体表现的能量是不均匀的，吸附优先发生在能量较高活性较大的位置上[46]。

参 考 文 献

[1] LIAO T, QU H, ZHANG T, et al. Removal of high-concentration of arsenic in acidic wastewater through zero-valent aluminium powder and characterisation of products [J]. Hydrometallurgy, 2021, 206: 105767.

[2] AYUB A, ALI RAZA Z. Arsenic removal approaches: A focus on chitosan biosorption to conserve the water sources [J]. International Journal of Biological Macromolecules, 2021, 192: 1196-1216.

[3] 冯文丽, 吕学斌, 熊健, 等. 粉煤灰高附加值利用研究进展 [J]. 无机盐工业 2021, 53 (4): 25-31.

[4] 尹月, 马北越, 张战, 等. 粉煤灰高附加值利用的研究现状 [J]. 材料研究与应用,

2015, 9 (3): 158-161, 171.

[5] MANZ O E. Coal fly ash: A retrospective and future look [J]. Fuel, 1999, 78: 133-136.

[6] 吉昂. X射线荧光光谱三十年 [J]. 岩矿测试, 2012, 31 (3): 15-30.

[7] 章连香, 符斌. X射线荧光光谱分析技术的发展 [J]. 中国无机分析化学, 2013, 3 (3): 1-7.

[8] 关超帅. 铁镓合金晶相与磁结构的透射电镜研究 [D]. 兰州: 兰州大学, 2021.

[9] 徐如人, 庞文琴, 等. 分子筛与多孔材料化学 [M]. 北京: 科学出版社, 2004.

[10] ZAMBRANO GUISELA B, DE ALMEIDA OHANA N, DUARTE DALVANI S, et al. Adsorption of arsenic anions in water using modified lignocellulosic adsorbents, Results in Engineering [J]. 2022, 13: 100340.

[11] 朱明华. 仪器分析 [M]. 北京: 高等教育出版社, 2000.

[12] 杨文超, 刘殿方, 高欣, 等. X射线光电子能谱应用综述 [J]. 中国口岸科学技术, 2022, 4 (2): 30-37.

[13] 邹照华, 何素芳, 韩彩芸, 等, 吸附法处理重金属废水研究进展 [J]. 环境保护科学, 2010, 36 (3): 22-24.

[14] ZHANG X, FU W, YIN Y, et al. Adsorption-reduction removal of Cr (Ⅵ) by tobacco petiole pyrolytic biochar: Batch experiment, kinetic and mechanism studies [J]. Bioresource Technology, 2018, 268: 149-157.

[15] CHEN G, WANG L. Adsorption of Pb^{2+} and Cd^{2+} from aqueous solutions by lignocellulose-g-acrylic acid/acrylamide/montmorllonite nanocomposites [J]. Journal of Functional Materials, 2014, 45 (22): 22084-22090.

[16] DJILALI M A, MEKATEL H, MELLAL M, et al. Synthesis and characterization of $MgCo_2O_4$ nanoparticles: Application to removal of Ni^{2+} in aqueous solution by adsorption [J]. Journal of Alloys and Compounds, 2022, 907: 164498.

[17] 刘德坤, 刘航, 杨柳, 等. 镧、铈改性介孔氧化铝对氟离子的吸附 [J]. 材料导报, 2019, 33 (2): 590-5594.

[18] MOHAN D, PITTMAN C U. Arsenic removal from water/wastewater using adsorbents—A critical review [J]. Journal of Hazardous Materials, 2007, 142 (1/2): 1-53.

[19] 邹照华. 新型Al-Si介孔材料对砷的吸附研究 [D]. 昆明: 昆明理工大学, 2010.

[20] HAN C, LIU H, ZHANG L, et al. Effectively uptake arsenate from water by mesoporous sulphated zirconia: Characterization, adsorption, desorption, and uptake mechanism [J]. The Canadian Journal of Chemical Engineering, 2017, 95: 543-549.

[21] ZHONG L, HE F, LIU Z, et al. Adsorption of uranium (Ⅵ) ions from aqueous solution by acrylic and diaminomaleonitrile modified cellulose [J]. Colloids and Surfaces A: Physicochemical and Engineering Aspects, 2022, 641: 128565.

[22] HAN C, LI H, PU H, et al. Synthesis and characterization of mesoporous alumina and their performances for removing arsenic (Ⅴ) [J]. Chemical Engineering Journal, 2013, 217: 1-9.

[23] WANG Y, BRYAN C, XU H, et al. Interface chemistry of nanostructured materials: Ion

adsorption on mesoporous alumina [J]. Journal of Colloid and Interface Science, 2002, 254 (1): 23-30.

[24] HAN C, LIU H, CHEN H, et al. Adsorption performance and mechanism of As (V) uptake over mesoporous Y-Al binary oxide [J]. Journal of the Taiwan Institute of Chemical Engineers, 2016, 65: 204-211.

[25] CARNEIRO M A, PINTO A M A, BOAVENTURA R A R, et al. Efficient removal of arsenic from aqueous solution by continuous adsorption onto iron-coated cork granulates, Journal of Hazardous Materials, 2022, 432: 128657.

[26] CHEN C, WEI F, YE L. Adsorption of Cu^{2+} by UV aged polystyrene in aqueous solution [J]. Ecotoxicology and Environmental Safety, 2022, 232: 113292.

[27] TAHERI E, FATEHIZADEH A, LIMA E C, et al., High surface area acid-treated biochar from pomegranate husk for 2,4-dichlorophenol adsorption from aqueous solution [J]. Chemosphere, 2022, 295: 133850.

[28] XU C, FENG Y, LI H, et al. Adsorption of heavy metal ions by iron tailings: Behavior, mechanism, evaluation and new perspectives [J]. Journal of Cleaner Production, 2022, 344: 131065.

[29] 罗永明, 韩彩芸, 何德东. 铝系无机材料在含砷废水净化中的关键技术 [M]. 北京: 冶金工业出版社, 2019.

[30] SINGH S, ANIL A G, KHASNABIS S. Sustainable removal of Cr (VI) using graphene oxide-zinc oxide nanohybrid: Adsorption kinetics, isotherms and thermodynamics [J]. Environmental Research, 2022, 203: 111891.

[31] 蒋展鹏. 环境工程学 [M]. 北京: 高等教育出版社, 2005.

[32] CASTILLO-ARAIZA C O, CHE-GALICIA G, DUTTA A, et al. Effect of diffusion on the conceptual design of a fixed-bed adsorber [J]. Fuel, 2015, 149: 100-108.

[33] MAJD M M, KORDZADEH-KERMANI V, GHALANDARI V, et al. Adsorption isotherm models: A comprehensive and systematic review (2010-2020) [J]. Science of the Total Environment, 2022, 812: 151334.

[34] 宋志伟, 李燕. 水污染控制工程 [M]. 徐州: 中国矿业大学出版社, 2019.

[35] YANG T, HAN C, TANG J, et al. Removal performance and mechanisms of Cr (VI) by an in-situ self-improvement of mesoporous biochar derived from chicken bone [J]. Environmental Science and Pollution Research, 2020, 27: 5018-5029.

[36] UZUN I. Kinetics and thermodynamics of the adsorption of some dyestuffs and p-nitrophenol by chitosan and MCM-chitosan from aqueous solution [J]. Journal of Colloid and Interface Science, 2004, 274: 398-412.

[37] WU X, HUI K N, HUI K S. Adsorption of basic yellow 87 from aqueous solution onto two different mesoporous adsorbents [J]. Chemical Engineering Journal, 2012, 180: 91-98.

[38] SINGHA B, DAS S K. Biosorption of Cr (VI) ions from aqueous solutions: Kinetics, equilibrium, thermodynamics and desorption studies [J]. Colloids and Surfaces B: Biointerfaces, 2011, 84: 221-232.

[39] SANTOS H, DEMARCHI C A, RODRIGUES C A, et al. Adsorption of As (Ⅲ) on chitosan-Fe-crosslinked complex (Ch-Fe) [J]. Chemosphere, 2011, 82: 278-283.

[40] HO Y S, NG J C Y, MCKAY G. Kinetics of pollutant sorption by biosorbents: Review [J]. Separation and Purification Methods, 2011, 29: 189-232.

[41] EJIMOFOR M I, EZEMAGU I G. Adsorption kinetics, mechanistic, isotherm and thermodynamics study of petroleum produced water coagulation using novel Egeria radiate shell extract (ERSE) [J]. Journal of the Indian Chemical Society, 2022, 99: 100357.

[42] KIM J H, CHA B J, KIM D K. Kinetics and thermodynamics of methylene blue adsorption on the Fe-oxide nanoparticles embedded in the mesoporous SiO_2 [J]. Advanced Powder Technology, 2020, 31: 816-826.

[43] AHMAD M A, RAHMAN N K. Equilibrium, kinetics and thermodynamic of Remazol Brilliant Orange 3R dye adsorption on coffee husk-based activated carbon [J]. Chemical Engineering Journal, 2011, 170: 154-161.

[44] ZHOU F, HUANG S, LIU X, et al. Adsorption kinetics and thermodynamics of rare earth on Montmorillonite modified by sulfuric acid [J]. Colloids and Surfaces A: Physicochemical and Engineering Aspects, 2021, 627, 127063.

[45] FERNANDES E P, SILVA T S, CARVALHO C M. Efficient adsorption of dyes by γ-alumina synthesized from aluminum wastes: Kinetics, isotherms, thermodynamics and toxicity assessment [J]. Journal of Environmental Chemical Engineering, 2021, 9: 106198.

[46] 倪哲明, 王巧巧, 姚萍, 等. Mg/Al 水滑石的焙烧产物吸附酸性红 88 的动力学和热力学机理研究 [J]. 化学学报, 2011, 69: 529-535.

3 柠檬酸铁修饰粉煤灰对砷的去除

煤炭是我国电力产业的基本燃料,其燃烧会产生大量的粉煤灰。目前,我国粉煤灰年产生量大且逐年增加(1995年粉煤灰排放量达1.25亿吨,2000年约为1.5亿吨,2009年约为3.75亿吨,2017年约为6.86亿吨),如不尽快处理不仅会占用大量土地,还会引发二次污染问题[1-2]。目前,粉煤灰主要是应用在水泥添加剂、混凝土添加和建材深加工行业,且它们的利用率仅占总排放量的约50%,剩余的50%大多堆存放置[3]。为此,国家发改委于2013年3月1日起实施新修订版《粉煤灰综合利用管理办法》,鼓励对粉煤灰进行高附加值利用。故而,如何使用好累积下来的二次能源,减少占地面积,降低环境污染,创造更高附加值,实现粉煤灰综合利用已成为一个亟待解决的问题[1]。

据调查显示,固体废物粉煤灰的化学组分为 SiO_2、Al_2O_3、Fe 氧化物、CaO、MgO、K_2O 和 Na_2O 等[4-5]。其中铝、铁氧化物与砷有较高的亲和性,且类金属砷是毒性最大的元素之一,目前砷已被国际癌症研究所等诸多权威机构公认为致癌物,国内外很多地区都存在着饮用水中砷超标的问题[6-7],所以以粉煤灰为原料来去除水体中砷污染物的研究就非常有必要,且理论可行。在众多砷处理方法中,吸附法由于操作简单,吸附剂来源广泛等特点而成为最有潜力的除砷方法之一,其中高效且廉价吸附剂的研发是其最重要的研发方向之一[8]。综上,对粉煤灰进行高附加值利用来制备有效砷吸附剂就显得尤为重要。

由于粉煤灰是煤炭高温燃烧、冷却后的产物,其活性组分多以玻璃体形式存在,所以现阶段对粉煤灰的有效利用途径之一就是对其进行修饰改性。对粉煤灰进行修饰改性是提高粉煤灰对污染物去除性能和粉煤灰附加值的有效手段之一[9-12]。常见的修饰改性方法有碱熔法、微波辅助转化法和强酸(盐酸和硫酸)改性等,它们主要通过破坏原始粉煤灰光滑表面结构、增加粉煤灰表面活性位点的暴露数量和优化粉煤灰的孔道结构来增强粉煤灰对污染物的吸附、去除性能[13-14]。但是单一改性方法所得材料的吸附位点不足、对污染物的去除性能较低,所以寻找有效改性方法是非常有必要的。

本书将碱熔法和湿法浸渍法结合起来(具体操作如第2章所示),选用柠檬酸铁为改性剂对粉煤灰进行修饰改性，并对所得材料的砷[As（V）和As（Ⅲ）]吸附性能进行探讨。考察了不同合成条件——活化碱度、活化温度、改性剂种类以及不同吸附体系因素，如溶液初始pH值、初始浓度、反应时间和吸附剂投加量等对砷吸附性能的影响。借助N_2吸脱附等温线、SEM、FT-IR、XRD和XRF对材料结构性质进行表征，并用XPS图谱与数据对As（V）和As（Ⅲ）吸附机理进行分析。针对所得基本吸附实验数据选用吸附等温线、吸附动力学、吸附热力学等进行拟合分析，就吸附过程进行进一步的分析和探讨。

3.1 柠檬酸铁修饰粉煤灰的结构

3.1.1 BET 分析

N_2吸脱附等温线是分析材料表面结构性质的有效工具之一[15-16]。图 3-1 是柠檬酸铁修饰粉煤灰前后的N_2吸脱附等温线。根据国际纯粹与应用化学联合会的分类，本研究所选取的粉煤灰在柠檬酸铁修饰前后均出现了具有 H3 型滞后环的Ⅳ型吸脱附曲线，即表明柠檬酸铁改性过程没有改变粉煤灰的孔道结构。根据资料显示[17-18]，这两个材料的孔道均是片状颗粒松散堆积形成的楔形孔。就N_2吸附量来看，柠檬酸铁修饰后粉煤灰的N_2吸附量远高于粉煤灰本身，说明柠檬酸铁的嫁接增加了原始粉煤灰的表面积，即表明柠檬酸铁的修饰有利于增加粉煤

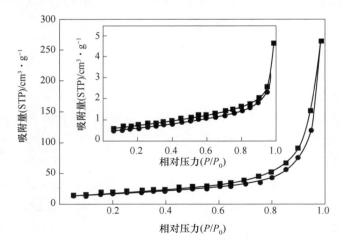

图 3-1 粉煤灰（内插图）和柠檬酸铁修饰粉煤灰的N_2吸脱附等温线

灰的比表面积，具体的比表面积数值可详见表3-1。从表3-1可以看出，柠檬酸铁改性后材料的BET表面积从原始的1.55m²/g增加到65.23m²/g，即暴露出来的活性位点数增加，此外其孔径和孔容都较改性前有所增加，更有利于吸附质的扩散和运输。

表3-1 柠檬酸铁修饰前后粉煤灰的结构参数

样品	BET表面积/m²·g⁻¹	孔容/cm³·g⁻¹	孔径/nm
粉煤灰	1.55	7.25×10^{-3}	12.87
柠檬酸铁修饰粉煤灰	65.23	4.11×10^{-1}	28.03

3.1.2 SEM分析

为进一步观察柠檬酸铁改性对粉煤灰形貌结构的影响，研究者选用扫描电子显微镜（SEM）来探测粉煤灰和柠檬酸铁改性粉煤灰的形貌结构。如图3-2（a）所示，原始粉煤灰是由各种大小不均匀的矿物质聚集物和固体球状颗粒形成的，且球状颗粒的外表面较为光滑，并没有明显的孔道结构，这与之前所报道的结果相一致[19]。经柠檬酸铁改性后［见图3-2(b)］，粉煤灰光滑的球状形貌被破坏，其表面变得粗糙和团聚。此外，采用Nano Measurer软件分析了粉煤灰改性前后的颗粒尺寸，所得结果显示在图3-2的内插图中。很明显，原始粉煤灰的主要颗粒尺寸分布于0.8~1.6μm；而经柠檬酸铁改性后，颗粒尺寸增加到2~4μm。究其原因主要是柠檬酸铁嫁接在粉煤灰表面，并使改性剂中的Fe发生团聚和颗粒尺寸的增加。

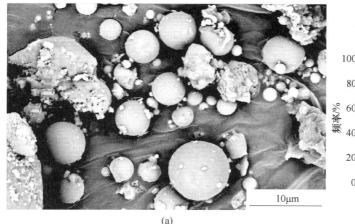
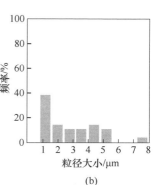

(a)　　　　　　　　　　(b)

图 3-2　粉煤灰被柠檬酸铁改性前后的 SEM 图
(a) 粉煤灰改性前；(b) 柠檬酸铁改性后的 SEM 图；(c) 粉煤灰改性后的 SEM 图；
(d) 粉煤灰改性后的粒径分布

3.1.3　FT-IR 分析

为分析柠檬酸铁是否成功嫁接在粉煤灰表面、嫁接的作用方式和材料表面官能团变化情况，本书选用 FT-IR 对柠檬酸铁改性前后的粉煤灰样品进行表征，表征结果如图 3-3 所示[20-22]。很明显，原始粉煤灰的 FT-IR 曲线在波数 459cm^{-1}、790cm^{-1} 和 1091cm^{-1} 处出现了三个强峰，在波数 690cm^{-1} 处出现了一个弱肩峰。其中，在 790cm^{-1} 和 459cm^{-1} 处出现的峰为石英相的 Si—O 键振动峰[23-24]；在 1091cm^{-1} 处的峰是 Si—O—Si 键的反对称伸缩振动所引起的[25]；在 690cm^{-1} 波数处的肩峰是 Fe—O 键伸缩振动而导致的。嫁接柠檬酸铁后粉煤灰的 FT-IR 曲线中：样品在 690cm^{-1} 处的峰强因为柠檬酸铁中 Fe—O 键和粉煤灰中的 Fe—O 键的协同作用而增强；原始粉煤灰在 790cm^{-1} 和 1091cm^{-1} 处的振动峰消失，改性后样品在 999cm^{-1} 和 1646cm^{-1} 处出现了两个新的峰，999cm^{-1} 处振动峰的出现是因为嫁接过程中柠檬酸铁中的铁原子替换了 Si—O—Si 中的一个 Si 原子；1646cm^{-1} 处的吸收峰为—COOH 基团中的—OH 对称伸缩振动所引起的振动峰，这证明柠檬酸铁成功负载在粉煤灰样品中[26]。综合上述结果，可认为柠檬酸铁嫁接在粉煤灰表面主要是通过将 SiO_4 四面体中的 Si 原子替换成 $FeC_6H_5O_7$ 中的 Fe 原子。

3.1 柠檬酸铁修饰粉煤灰的结构 ·75·

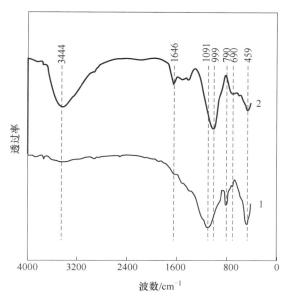

图 3-3　粉煤灰和柠檬酸铁修饰粉煤灰的 FT-IR
1—粉煤灰；2—柠檬酸铁修饰粉煤灰

3.1.4　XRD 分析

为了证实柠檬酸铁嫁接在粉煤灰表面主要是通过 Fe 原子取代粉煤灰中 SiO_4 四面体的 Si 原子来实现的，本节选用 XRD 对嫁接柠檬酸铁前后的粉煤灰样品进行表征测定，XRD 结果如图 3-4 所示。由图 3-4 可知，原始粉煤灰的 XRD 图谱中

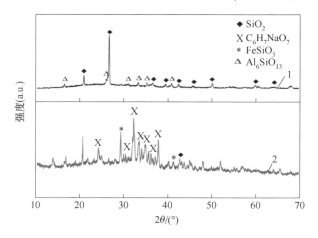

图 3-4　不同的样品 XRD 图谱
1—原始粉煤灰；2—柠檬酸铁修饰粉煤灰

出现了属于石英（SiO_2）和莫来石（Al_6SiO_{13}）的峰，即表明粉煤灰中的硅主要是以石英和莫来石的形式存在。嫁接柠檬酸铁之后，石英的主峰之一（$2\theta =$ 26.3°处的峰）完全消失，并新增了柠檬酸单钠（$C_6H_7NaO_7$）的峰（PDF：43-1525），这个现象再次证明柠檬酸铁成功嫁接在粉煤灰表面，且其有机体中可电离基团（H_3L）可与 NaOH 发生酸碱反应[27]；此外，样品还在 26.7°、29.5°和 41.6°三个位置处出现了属于 $FeSiO_3$ 物质的特征峰（PDF：17-0548）。$FeSiO_3$ 物质的出现说明铁在材料制备过程从柠檬酸铁中的 Fe^{3+} 转化为 Fe^{2+}。为证明铁价态的转变，进一步分析样品的 XRD 发现（见图 3-5），柠檬酸铁负载粉煤灰样品在 2θ 为 65.8°、49.6°和 37.7°处出现了原始粉煤灰所没有的 SiC 特征衍射峰，即表明炭在材料合成中将 Fe^{3+} 还原为 Fe^{2+}，自身被氧化为 SiC。此外，$FeSiO_3$ 这一物质特征峰的出现与 FT-IR 结果相吻合，再次证明柠檬酸铁负载在粉煤灰表面是通过铁原子取代部分 SiO_4 硅氧四面体中的硅原子来实现的，并且通过共享拐角氧原子连接 SiO_4 硅氧四面体[28]。

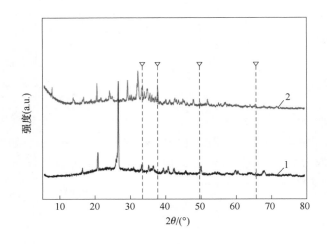

图 3-5　SiC 特征峰
1—原始粉煤灰；2—柠檬酸铁修饰粉煤灰

3.1.5　XRF 分析

表 3-2 为不同改性剂改性粉煤灰前后所得样品中各组分的含量。根据表 3-2 中数据可知，粉煤灰中主要组分 SiO_2、Al_2O_3 和 Fe_2O_3 的含量在经过不同试剂改性后都发生了变化。因为不同试剂改性前粉煤灰都是经过同样的碱熔过程，且后期选用的酸性试剂与 SiO_2 不发生反应，所以可从 Al/Si 和 Fe/Si 含量比这两个角度来看组分含量的变化。从表 3-3 可以看出，3 种试剂改性后粉煤灰表面 Al/Si

含量比值变大，柠檬酸铁改性后 Fe/Si 含量比值变大，即说明亲砷性物质 Al 和 Fe 含量在改性后的粉煤灰中都有所增加。

表 3-2 改性前后粉煤灰中主要组分的含量

样品	成分含量（质量分数）/%								
	SiO_2	Al_2O_3	CaO	P_2O_5	TiO_2	Fe_2O_3	K_2O	MgO	MnO
原粉煤灰	57.091	19.425	4.919	2.001	2.880	10.339	0.992	0.911	0.129
柠檬酸铁	42.5	17.9	4.26	0.0372	2.28	15.9	0.524	0.903	0.16
柠檬酸	47.6	22.7	4.87	0.0569	2.55	6.28	0.484	1.16	0.096
盐酸	48.1	19.1	4.54	0.0619	2.54	6.74	0.741	0.871	0.102

表 3-3 不同试剂改性前后 Al/Si 和 Fe/Si

样 品	Al/Si	Fe/Si
原粉煤灰	0.68	0.36
柠檬酸铁改性后	0.84	0.75
柠檬酸改性后	0.95	0.26
盐酸改性后	0.79	0.28

3.2 合成条件对砷吸附性能的影响

为进一步探索 $FeSiO_3$ 和柠檬酸单钠在砷吸附过程中所起的作用，从粉煤灰功能化各合成因素（活化碱度、活化温度和改性剂）的角度对其吸附性能进行调查。

3.2.1 活化碱度对砷去除率的影响

粉煤灰（FA）活化碱度对砷吸附性能影响的调查研究主要是通过改变 $m(FA)/m(NaOH)$ 来进行的，其中 $m(FA):m(NaOH)$ 分别控制在 1:0.5、1:0.8、1:1 和 1:1.2，结果如图 3-6 所示。由图 3-6 可以看出：砷去除率随着 $m(FA)/m(NaOH)$ 从 1:0.5 下降到 1:1 而逐步上升，从约 62% 升高到 84.1%，究其原因主要是低 NaOH 剂量无法完全激活粉煤灰的活性位点[3]；当 $m(FA):m(NaOH)$ 继续降低到 1:1.2 时，砷去除率出现降低现象，主要是过多 NaOH 量会破坏粉煤灰结构；即表明，质量比为 1:1 时所得复合材料对砷的去除率最高，达到 84.1%。

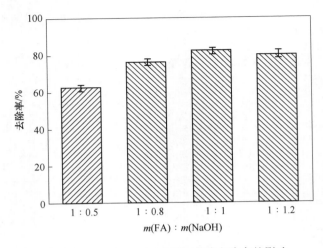

图 3-6　$m(FA):m(NaOH)$ 对砷去除率的影响

为深入探索 $m(FA):m(NaOH)$ 对砷去除率的影响，用 XRD 工具对所研究样品进行表征。从图 3-7 可以看出，粉煤灰中石英（SiO_2）和莫来石（Al_6SiO_{13}）的衍射峰随着合成体系中 NaOH 剂量的增加而急剧减少，这表明强碱氛围下粉煤灰的球形晶体被破坏，这符合图 3-2 中的结果；当 $m(FA):m(NaOH)$ 为 1∶1 时所得样品在 $2\theta=26.3°$ 处的 $FeSiO_3$ 衍射峰完全消失，同时柠檬酸单钠（$C_6H_7NaO_7$）（PDF：43-1525）的衍射峰增多；当 $m(FA):m(NaOH)$ 降低到 1∶1.2 时，XRD 图谱中属于 $FeSiO_3$ 的衍射峰强度增加，而柠檬酸钠的衍射峰强度明显降低。结合图 3-6 中的砷去除效果，可推测出 $FeSiO_3$ 对砷的亲和力较低，具有较高的化学稳定性。

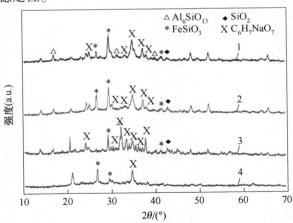

图 3-7　不同 $m(FA):m(NaOH)$ 所得柠檬酸铁修饰粉煤灰的 XRD 图谱
1—1∶0.5；2—1∶0.8；3—1∶1；4—1∶1.2

3.2.2 活化温度对砷去除率的影响

活化温度对材料除砷性能的影响是在 823~1023K 的范围内进行考察的，所得结果如图 3-8 (a) 所示。很明显，粉煤灰活化温度对 As (Ⅴ) 的去除有较大影响：随着温度从 823K 升高到 923K，As (Ⅴ) 的去除效率从 79.9% 提高到 93.7%；当活化煅烧温度进一步从 923K 提高到 1023K 时，As (Ⅴ) 的去除效率约降低 10%。所以选择 923K 作为碱熔-浸渍法嫁接柠檬酸铁于粉煤灰表面来制备砷吸附剂的最优活化温度。此外，从图 3-8 (b) 中不同活化温度所得样品的 XRD 可以看出，923K 所得复合样品中属于 $FeSiO_3$ 的衍射峰强度最低，这与活化碱度对砷去除性能的影响结果相一致，进一步说明 $FeSiO_3$ 对于砷物种具有较强的稳定性，即 $FeSiO_3$ 具有低的砷吸附性能。

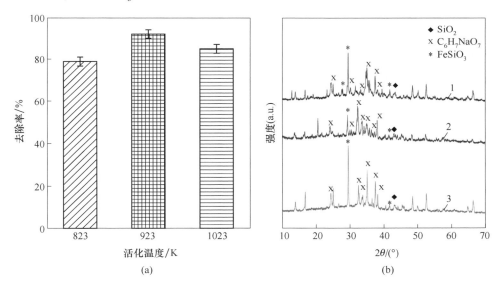

图 3-8 活化温度对砷去除性能的影响及不同活化温度下所得复合材料的 XRD
(a) 活化温度对砷去除性能的影响；(b) 不同活化温度下所得复合材料的 XRD
1—823K；2—923K；3—1023K

3.2.3 改性剂对砷去除率的影响

一般情况下，复合材料中材料前驱体类型对污染物的去除性能有一定影响[29]。为探索改性剂对粉煤灰复合材料的砷去除性能影响，本小节选用盐酸 (HCl)、柠檬酸 ($C_6H_8O_7$) 和柠檬酸铁 ($FeC_6H_5O_7$) 三个试剂作为前驱体来改性、修饰粉煤灰，并通过静态批次实验对所得材料的砷去除性能进行考察。

从图 3-9 可以看出，添加改性剂后粉煤灰对砷的去除率明显优于原始粉煤灰，各改性剂修饰后粉煤灰对砷的去除效果依次为 $FeC_6H_5O_7$-粉煤灰（约 93.7%）>$C_6H_8O_7$-粉煤灰（84%）>HCl-粉煤灰（73%）。盐酸修饰粉煤灰所得的材料对砷的去除率明显高于原始粉煤灰 63.9%，其原因主要是添加的盐酸与原始粉煤灰中的杂质发生反应，并改变粉煤灰表面性质，同时提高材料中亲砷性铝的含量（见表3-3），Al/Si 比从 0.68 提高到 0.79[30]。此外，有机物柠檬酸和柠檬酸铁修饰粉煤灰对砷的去除能力高于无机改性剂盐酸修饰的粉煤灰，这主要可归因于有机化合物上的羧酸官能团存在于改性后复合物，据前人研究，羧酸官能团与重金属之间有较高的键合能力，砷与吸附剂表面羧酸官能团相互作用并得以从水中去除[31-32]。而柠檬酸铁 $FeC_6H_5O_7$ 改性复合材料的砷去除率高于柠檬酸改性复合物，它主要是因为额外亲砷性铁金属的引入，其中柠檬酸铁改性复合材料的 Fe/Si 含量比（0.75）大于柠檬酸的 Fe/Si 含量比（0.26，见表3-3）。结合前述 XRD 结果，柠檬酸铁中铁原子主要以稳定化合物 $FeSiO_3$ 的形式存在于粉煤灰表面，但其他铁表面的羟基可通过质子化的静电作用或脱质子化后的离子交换反应来吸附砷。

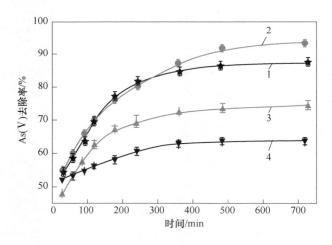

图 3-9　不同改性剂所得材料对砷的去除情况
1—$C_6H_8O_7$；2—$FeC_6H_5O_7$；3—HCl；4—没有添加改性剂

3.3　吸附反应因素对砷吸附性能的影响

3.3.1　溶液 pH 值

众所周知，溶液 pH 值会影响吸附剂表面性质和溶液中溶质砷的存在形式，并从而影响吸附剂在不同 pH 值溶液中对砷的吸附性能[33-34]。此研究中选用初始

pH 值在 5~11 范围内的砷溶液进行考察，结果如图 3-10 所示。可以看出，As（V）和As（Ⅲ）在柠檬酸铁修饰粉煤灰所得复合材料表面的去除情况取决于溶液 pH 值；就 As（V）去除情况来看，当初始 pH 值从 5 增加到 8.5 时，As（V）去除率从 79% 增加到 97%，在水溶液初始 pH 值继续升高到大于 8.5 环境时 As（V）去除率开始下降；就 As（Ⅲ）去除情况来看，当溶液初始 pH 值从 5.0 增加到 10.0 时，As（Ⅲ）去除率随 pH 值增加而升高，从 62% 增加到 95%，再继续增加 pH 值到 11.0 时，As（Ⅲ）去除率开始明显下降。所以，可以认为 As（V）和 As（Ⅲ）在柠檬酸铁修饰粉煤灰所得复合材料表面的最佳吸附 pH 值分别为 8.5 和 10.0。

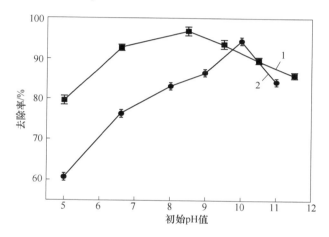

图 3-10　不同 pH 值条件下 As（V）和 As（Ⅲ）的去除情况
1—As（V）；2—As（Ⅲ）

为进一步探索 As（V）和 As（Ⅲ）在柠檬酸铁修饰粉煤灰所得复合材料表面的吸附情况，选用酸碱滴定法对吸附剂的等电点进行了测定。从图 3-11 的测定结果中可以看出，吸附剂的等电点为 8.59。这表明，当溶液 pH 值小于 8.59 时，吸附剂表面为正电荷，此时 As（V）的存在形式（见图 2-3）主要为带负电荷的 $H_2AsO_4^-$ 和 $HAsO_4^{2-}$，所以静电吸引可能是其主要吸附作用方式[35-36]；在 pH 值为 5~6.7 范围内时，带一个电荷的 $H_2AsO_4^-$ 物种含量降低，但 As（V）去除率出现升高的现象，由此可推测 As（V）的吸附是由更复杂的化学机制主导的。此外就 As（Ⅲ）来看，在 pH 值小于 9.2 时，As（Ⅲ）以分子 H_3AsO_3 形态存在于溶液中[37]，因为中性 As（Ⅲ）分子与质子化带正电荷的吸附剂表面官能团之间无法发生静电吸引作用，但图 3-10 的结果显示确有 As（Ⅲ）被去除，所以可认为此条件下 H_3AsO_3 分子与未质子化的亲砷基团通过氢键作用而发生吸附反应；当溶液 pH 值在 9.2~10.0 范围内时，As（Ⅲ）去除率快速增加，但此时吸附剂表面带负电荷，As（Ⅲ）以 $H_2AsO_3^-$ 阴离子形式存在，所以此条件下的吸附反应机理较为复杂，需要进一步确定；当溶液 pH 值大于 10.0 时，As（Ⅲ）去除率显著下降，由于吸附剂表面和 As（Ⅲ）存在形式都是负电荷，可以认为这个去除率降低是 As（Ⅴ）（由 As(Ⅲ)氧化而来）与带负电的吸附剂表面之间的静电斥力增强所致，对于此吸附反应过程中所发生的具体机理在后期研究中将通过 XPS 表征数据来进行说明[38]。

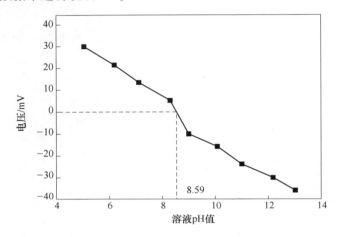

图 3-11　柠檬酸铁修饰粉煤灰所得复合材料的等电点测定结果

3.3.2　溶液初始浓度和接触时间

溶液初始浓度和反应时间是影响反应体系中污染物去除效果的两个关键因素[39-41]。初始浓度和接触时间对砷在柠檬酸铁修饰粉煤灰表面的去除效果考察是在初始浓度 0.25~4mg/L 和 15~720min 范围内进行的，所得结果如图 3-12 和图 3-13 所示。明显可以看出，As（Ⅴ）和 As（Ⅲ）的去除率均随着其初始浓度的增加而降低，当初始砷浓度从 0.25mg/L 增加到 2mg/L 时，As（Ⅴ）和 As（Ⅲ）去除率从近乎 100% 分别降低到 82% 和 94%。砷去除率降低主要是因为固体反应体系中吸附剂的吸附活性位点是恒定值，所以当吸附活性位点饱和后就难以吸附更多的砷，致使剩余的砷含量在高初始浓度下增多，去除率降低[42]。此外，图 3-12 和图 3-13 中各浓度条件下，在刚开始的 180min 内，由于主要是外表面吸附作用，所以砷去速率的增长速率是明显高于其他时间内的；180min 后，砷物种从吸附剂外表面向内部孔道扩散，由于扩散阻力的增大，砷去除速率变缓慢[43]，并随着内表面活性吸附位点的饱和而最终达到吸附平衡状态。值得注意的是，吸附反应平衡时间也随着初始砷浓度的变化而变化，在低浓度下达到吸附平衡所需的时间比高浓度下的时间少，0.25mg/L 和 2mg/L 时 As（Ⅴ）吸附的平衡时间分别为 6h 和 10h，0.5mg/L 和 4mg/L 时 As（Ⅲ）去除的平衡时间约为 9h 和 17h。

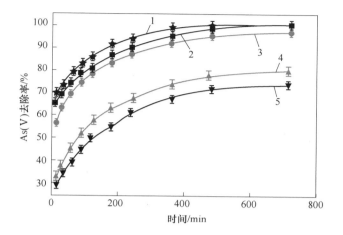

图 3-12　初始砷浓度和接触时间对 As（Ⅴ）去除性能的影响
1—0.25mg/L；2—0.5mg/L；3—1mg/L；4—2mg/L；5—4mg/L

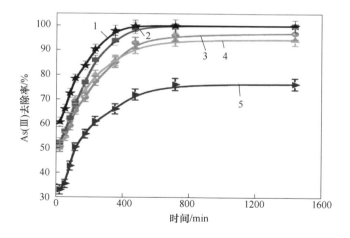

图 3-13　初始砷浓度和接触时间对 As（Ⅲ）去除性能的影响
1—0.25mg/L；2—0.5mg/L；3—1mg/L；4—2mg/L；5—4mg/L

图 3-14 是添加吸附剂后，初始浓度为 0.25mg/L 和 0.5mg/L 的 As（Ⅴ）和 As（Ⅲ）溶液在反应时间为 10~720min 内的浓度变化情况，图中虚线为 WHO 规定的饮用水中所容许的最大砷含量——10μg/L。由图 3-14 可知，在吸附剂与初始浓度为 0.25mg/L 和 0.5mg/L 的 As（Ⅴ）溶液反应 270min 和 430min 后，水体中残留的砷含量低于 0.01mg/L 这一 WHO 规定的饮用水标准；在吸附剂与初始

浓度为 0.25mg/L 和 0.5mg/L 的 As（Ⅲ）溶液反应 350min 和 490min 后，水体中残留的砷含量低于 10μg/L 这一 WHO 规定的饮用水标准。这表明柠檬酸铁复合材料可用于处理低浓度 As（Ⅴ）和 As（Ⅲ）水体。

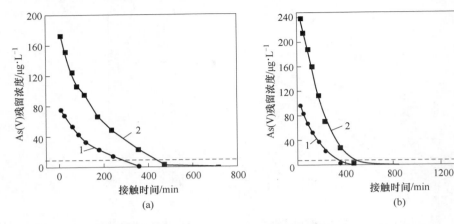

图 3-14 溶液中残留的 As（Ⅴ）和 As（Ⅲ）浓度与接触时间的关系
（a）溶液中残留的 As（Ⅴ）的浓度与接触时间的关系；（b）溶液中残留的 As（Ⅲ）的浓度与接触时间的关系
1—0.25mg/L；2—0.5mg/L

3.3.3 吸附剂量

暴露在外的吸附活性位点数量对吸附质的去除起到至关重要的作用，此处采用在反应系统中改变吸附剂量的方法以改变整个体系中活性位点数量，并对其砷去除效果进行考察。吸附剂添加量从 0.05g 增加到 0.4g，砷去除结果如图 3-15 所示。从图 3-15 中的数据可以看出，柠檬酸铁修饰粉煤灰对 As（Ⅴ）和 As（Ⅲ）的去除率都随着吸附剂添加量的增加而提高；去除率最大幅度提高是出现在将吸附剂量从 0.05g 增加到 0.1g，此时 As（Ⅴ）去除率从 70% 增加到 97%，As（Ⅲ）去除率从约 77% 增加到 95%；当吸附剂添加量从 0.1g 增加到 0.4g 时，As（Ⅴ）和 As（Ⅲ）的去除率近乎达到 100%。

3.3.4 吸附等温线

为描述吸附反应平衡状态下吸附剂柠檬酸铁改性粉煤灰对砷吸附容量与吸附液平衡浓度之间关系，采用 Langmuir 和 Freundlich 吸附等温式来分析柠檬酸铁修饰粉煤灰对 As（Ⅴ）和 As（Ⅲ）的吸附平衡数据，并对 As（Ⅴ）和 As（Ⅲ）的吸附平衡状态进行评价[44]。此处所选用的是非线性 Langmuir 和 Freundlich 吸附等温式[见式(2-6)和式(2-8)]，式中各个字母符号所代表的意义可参见第 2 章。

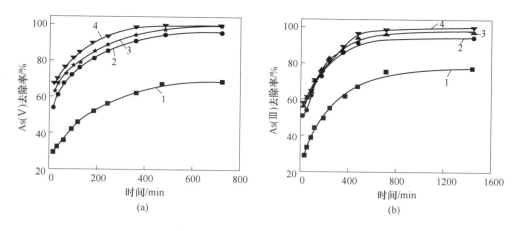

图 3-15 吸附剂添加量对 As（V）和 As（Ⅲ）去除率的影响
（a）吸附剂添加量对 As（V）去除率的影响；(b）吸附剂添加量对 As（Ⅲ）去除率的影响
1—0.05g；2—0.1g；3—0.2g；4—0.4g

图 3-16 是柠檬酸铁修饰粉煤灰吸附 As（V）和 As（Ⅲ）所得平衡数据的 Langmuir 和 Freundlich 非线性拟合曲线。由图 3-16 可以看出，As（V）和 As（Ⅲ）这两个吸附体系中，均表现出 Freundlich 模型拟合曲线与实验数据的离散程度小于 Langmuir 曲线的结果。且从表 3-4 中的参数——回归系数 R^2 值也可以看出，Freundlich 等温式的 R^2 值均大于 0.96，与 Langmuir 等温式的 R^2 值相比较，Freundlich 等温式的 R^2 值更为接近于 1.0。总的来看，As（V）和 As（Ⅲ）在柠檬酸铁修饰粉煤灰表面的平衡吸附行为符合 Freundlich 等温式，即吸附剂表面吸附位点不是均匀的[45-46]。此外，吸附 As（V）和 As（Ⅲ）时，Freundlich

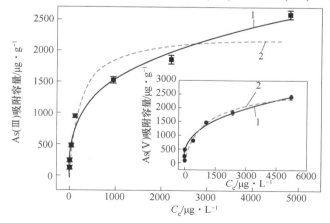

图 3-16 柠檬酸铁修饰粉煤灰吸附 As(V)(内插图)和 As(Ⅲ)的 Langmuir 和 Freundlich 曲线
1—Freundlich；2—Langmuir

等温式的 $1/n$ 值分别为 0.346 和 0.309，这处于 0.1~0.5，故说明 As（V）和 As（Ⅲ）在柠檬酸铁修饰粉煤灰复合吸附剂表面的吸附行为是比较容易发生的。

表 3-4 Langmuir 和 Freundlich 的模型参数

As 类型	Langmuir			Freundlich		
	$q_{max}/\mu g \cdot g^{-1}$	$b/L \cdot \mu g^{-1}$	R^2	$1/n$	$K_f/\mu g \cdot g^{-1}$	R^2
As（V）	2725.0	0.001	0.9299	0.346	123.09	0.9685
As（Ⅲ）	2281.9	0.005	0.8969	0.309	184.22	0.9706

根据表 3-4 中的数据可知，Langmuir 吸附等温式计算所得的柠檬酸铁修饰粉煤灰对砷的 As（V）和 As（Ⅲ）最大理论吸附容量分别为 2725.0μg/g 和 2281.9μg/g。为了对吸附剂柠檬酸铁修饰粉煤灰的砷吸附性能进行横向评价，本书选择了系列铁基吸附剂和粉煤灰系列吸附剂进行对比，相关结果列入表 3-5 中。从表 3-5 中可以看出，我们所合成的柠檬酸铁修饰粉煤灰具有较高的砷吸附容量。

表 3-5 不同吸附剂的砷吸附容量比较

吸附剂	砷	$q_{max}/\mu g \cdot g^{-1}$	参考文献
Clay/FeSO$_4$	As（V）	1500	[47]
Clay/FeCl$_3$	As（V）	860.0	同上
Ti-pillared smectite	Arsenic	156.5	[48]
Copper（Ⅱ）oxide nanoparticles	As（Ⅲ）	1086.2	[49]
Tectona Biochar	As（Ⅲ）	454.6	[50]
manganese-loaded fly ash cenospheres	As（V）	192	[51]
iron-enriched aluminosilicate	As（V）	592	[52]
柠檬酸铁修饰粉煤灰	As（Ⅲ）	2281.9	本节
柠檬酸铁修饰粉煤灰	As（V）	2725.0	本节

3.3.5 吸附动力学

为进一步研究整个吸附过程中砷在吸附剂表面的吸附行为，此处采用准一级动力学、准二级动力学和内扩散模型对 As（V）和 As（Ⅲ）的吸附过程进行分析。各吸附动力学方程表达式如第 2 章所示，其中准一级和准二级非线性方程式见式（2-13）和式（2-15），内扩散速率方程见式（2-17），具体参数也同第 2 章。

图 3-17 为非线性准一级动力学和准二级动力学方程对 As（Ⅴ）和 As（Ⅲ）在柠檬酸铁修饰粉煤灰吸附剂表面吸附过程的拟合分析曲线，相关的参数列入表 3-6 中。从图 3-17 可以看出，准二级动力学方程对实验数据的拟合曲线与实验数据之间的偏差较小，而准一级动力学拟合曲线与实验数据的离散程度较大。此外，从表 3-6 中所列参数可知，准二级动力学方程的回归系数 R^2 值大于准一级动力学，更为接近于 1.0；并且，二级动力学方程计算所得 As（Ⅴ）和 As（Ⅲ）的吸附容量与实际实验值之间的差值明显小于准一级动力学方程与实际值的差值。故而，可认定 As（Ⅴ）和 As（Ⅲ）在柠檬酸铁表面的吸附过程符合准二级动力学方程，即"表面反应"是它们吸附速率的控制步骤[53]。

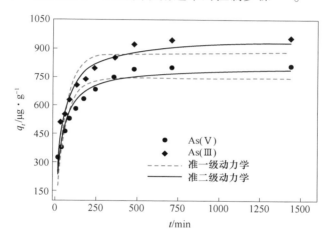

图 3-17 准一级动力学和准二级动力学曲线

表 3-6 准一级动力学和准二级动力学参数

As 类型	$q_{e,exp}$	准一级动力学			准二级动力学		
		$q_{e,cal}$	k_1	R^2	$q_{e,cal}$	k_2	R^2
As（Ⅴ）	794.3	737.1	0.0109	0.8695	825.8	0.00002	0.9636
As（Ⅲ）	944.1	871.8	0.0166	0.7118	953.8	0.00003	0.9109

图 3-18 是粒子内扩散模型对 As（Ⅴ）和 As（Ⅲ）在柠檬酸铁修饰粉煤灰表面吸附实验数据的拟合分析曲线。由图 3-18 可知，它们的吸附过程可以分为 K_{31}、K_{32} 和 K_{33} 这三个步骤，其中 K_{31} 是吸附质从主体吸附液中扩散到吸附剂外表面的过程，K_{32} 是吸附质从吸附剂外表面向内部逐渐扩散的过程，K_{33} 是吸附达到平衡的过程。同时，As（Ⅴ）和 As（Ⅲ）在不同步骤阶段的吸附速率经分析计算后（见表 3-7），呈现 $K_{31}>K_{32}>K_{33}$ 的顺序，这进一步说明砷在柠檬酸铁修饰粉

煤灰吸附剂表面的吸附过程遵循外部扩散>内部扩散>吸附平衡，即表面反应是吸附速率的控制步骤[54]。

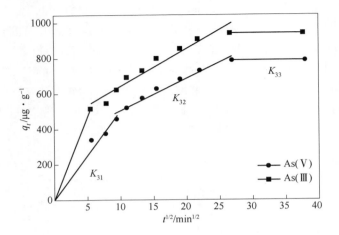

图 3-18　As（Ⅴ）和 As（Ⅲ）吸附的粒子内扩散

表 3-7　内扩散方程参数

砷类型	第一步			第二步			第三步		
	$K_{31}/\text{mg} \cdot \text{g}^{-1} \cdot \text{min}^{-\frac{1}{2}}$	$C_1/\text{mg} \cdot \text{g}^{-1}$	R_1^2	$K_{32}/\text{mg} \cdot \text{g}^{-1} \cdot \text{min}^{-\frac{1}{2}}$	$C_2/\text{mg} \cdot \text{g}^{-1}$	R_2^2	$K_{32}/\text{mg} \cdot \text{g}^{-1} \cdot \text{min}^{-\frac{1}{2}}$	$C_3/\text{mg} \cdot \text{g}^{-1}$	R_3^2
As（Ⅴ）	47.89	17.72	0.9607	18.37	320.08	0.9476	1.06	754.11	1
As（Ⅲ）	93.56	0	1	21.38	426.03	0.9355	0.25	937.73	1

3.3.6　共存离子的影响

由于实际含砷水体中除了目标污染物之外还存有其他一些常见的离子，如 HCO_3^-、CO_3^-、NO_3^-、SO_4^{2-} 和 PO_4^{3-}，且它们同无机砷化物都以阴离子形式存在，针对这些共存离子对砷去除性能的影响进行考察就显得尤为重要[55]。图 3-19 是共存阴离子浓度为 1mmol/L As（Ⅴ）和 As（Ⅲ）初始浓度均分别为 0.5mg/L 条件下，柠檬酸铁修饰粉煤灰对 As（Ⅴ）和 As（Ⅲ）的去除情况。由图 3-19 可以看出，HCO_3^-、CO_3^-、NO_3^- 和 SO_4^{2-} 这四种阴离子的存在对 As（Ⅴ）和 As（Ⅲ）的去除率的影响较小，基本可以忽略。但 PO_4^{3-} 的存在使得 As（Ⅴ）和 As（Ⅲ）去除率从约 100% 分别降低至 96.7% 和 96.3%。

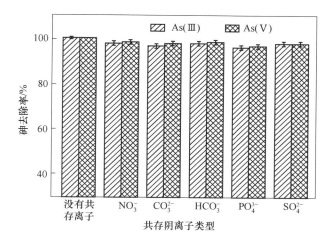

图 3-19 共存阴离子对砷吸附性能的影响

3.4 吸附机理

为进一步探讨砷去除机理,采用 XPS 光谱仪对吸附剂吸附 As(Ⅴ)和 As(Ⅲ)前后的样品进行了测定,结果如图 3-20 所示。

从图 3-20(a)可以看出,原始吸附剂的 C 1s 光电子能谱被分解为结合能在 284.8eV、285.2eV、288.6eV 和 289.3eV 的四个峰,其中,据资料显示 285.2eV 和 288.6eV 两处的峰是 C—OH 中的 C—O 键,284.8eV 和 289.3eV 两处的光电子峰分别是无定型碳(C—C)和自由羧基(—COO$^-$)中的 C 原子振动所引发的[56-58]。吸附砷后,C 1s 中特征峰的出峰位置和峰面积发生了变化。在结合能 285.2eV 处的 C—O 键特征峰吸附 As(Ⅲ)和 As(Ⅴ)后都转移到 286.4eV,且此特征峰的 C—O/C—C 含量比从吸附前的 29.3% 降低到吸附 As(Ⅲ)后的 24.6% 和吸附 As(Ⅴ)后的 25.5%;原始吸附剂在 288.6eV 处的特征峰在吸附 As(Ⅲ)和 As(Ⅴ)后分别转移到 288.8eV 和 288.9eV,并且对应的 C—O/C—C 含量比从 17.4% 下降到 16.6%[负载 As(Ⅲ)]和 12.5%[负载 As(Ⅴ)]。上述结果表明,羟基在砷吸附过程中起到一定作用[59]。此外,羧基基团在 289.3eV 处的特征峰在吸附 As(Ⅲ)和 As(Ⅴ)后出现了显著的偏移,分别偏移到 289.6eV 和 289.7eV 结合能处,且官能团—COO$^-$/C—C 的含量比从 24.37% 降低到 11.36% 和 3.42%。通过调查资料发现[44],羧基官能团的变化是因为 COO$^-$ 与 As(Ⅲ)或 As(Ⅴ)可通过发生化学络合而形成配位共价键使得结合能升高。

图 3-20(b)是柠檬酸铁修饰粉煤灰所得样品吸附 As(Ⅲ)和 As(Ⅴ)前

后的 Fe 2p X 射线光电子能谱图。很明显,吸附前样品在 711.7eV 和 725.3eV 两个结合能处都出现了代表铁氧化物的 $Fe^{3+} 2p_{3/2}$ 和 $Fe^{3+} 2p_{1/2}$ 光电子峰[60],在 715.2eV 结合能处出现了与 FeOOH 化合物有关的卫星峰。吸附 As（Ⅲ）和 As（Ⅴ）后,FeOOH 的特征峰偏移到 715.7eV 和 715.5eV 两结合能处,即羟基参与其吸附过程。吸附 As（Ⅲ）后,711.7eV 和 725.3eV 处的特征峰转移到较低结合能 711.4eV 和 724.9eV 处,这两个新的峰对应的是 Fe^{2+} 的特征峰[61],即表明 As（Ⅲ）吸附过程中伴随有铁的还原反应[62]。为进一步证明 As（Ⅲ）吸附过程中的氧化还原机理,对吸附砷后饱和吸附剂的 As 3d 高分辨 XPS 光电子图谱进行分析,结果如图 3-20（c）所示。由图 3-20 可知,吸附 As（Ⅲ）后的废弃吸附剂表面含有 As（Ⅲ）和 As（Ⅴ）两个特征峰[63],这说明部分 As（Ⅲ）被氧化为 As（Ⅴ），即吸附和氧化还原反应均发生在 As（Ⅲ）吸附反应中。

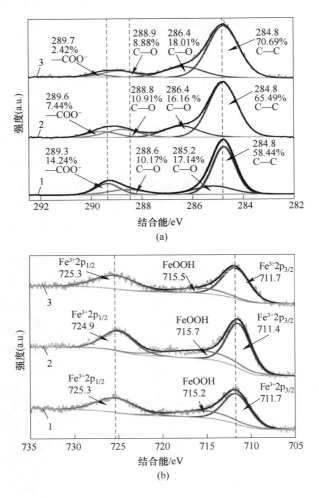

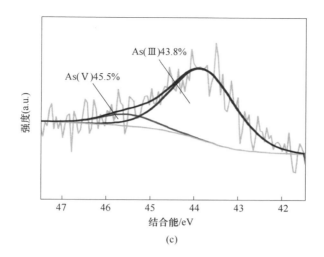

图 3-20　C1s、Fe2p、As3d 的 XPS 图谱
(a) C1s；(b) Fe2p；(c) As3d
1—柠檬酸铁修饰粉煤灰原始吸附剂；2—吸附 As（Ⅲ）后饱和吸附剂；3—吸附 As（Ⅴ）后饱和吸附剂

3.5　浸 出 测 定

为了防止吸附剂在水处理过程中引发二次污染和测定复合吸附剂中砷的浸出情况，研究中将粉煤灰和柠檬酸铁修饰粉煤灰都放置于水体中进行测定。结果显示，原始粉煤灰和柠檬酸铁修饰粉煤灰的砷浸出量分别为 27.52μg/L 和 0.7μg/L。很明显，原始粉煤灰的砷浸出量大于世界卫生组织所规定饮用水中所容许的最大砷含量值，而柠檬酸铁修饰粉煤灰的砷浸出量值低于世界卫生组织所规定的 10μg/L。即表明，在柠檬酸铁修饰过程中碱熔和嫁接步骤实现了砷的固定，且所得吸附剂在水处理应用中是安全、无二次污染问题的。

参 考 文 献

[1] 朱佩誉. 粉煤灰大规模高附加值应用技术研究进展 [J]. 洁净煤技术, 2021, 27 (S2)：352-358.
[2] 王迪, 乔亮, 龚浩. 粉煤灰资源化综合利用研究现状 [J]. 现代矿业, 2021, 37 (5)：18-20.
[3] 吴韩. 粉煤灰在建筑材料中的应用 [J]. 中国建材科技, 2010, 4：63-67.
[4] AHMARUZZAMAN M. A review on the utilization of fly ash [J]. Progress in Energy and Combustion Science, 2010, 36：327-363.
[5] 陈自祥, 李振宇. 淮南电厂粉煤灰的物质组成特征及其评价 [J]. 安徽电气工程职业技术学院学报, 2014, 19：82-85.

[6] 韩彩芸，张六一，邹照华，等. 吸附法处理含砷废水的研究进展［J］. 环境化学，2011，2：517-523.

[7] 李歌. 饮用水中砷的污染状况及除砷措施［J］. 开封教育学院学报，2011，31（4）：105-106.

[8] ZAMBRANO G B, DE ALMEIDA O N, DUARTE D S, et al. Adsorption of arsenic anions in water using modified lignocellulosic adsorbents［J］. Results in Engineering, 2022, 13: 100340.

[9] HUANG X, ZHAO H, HU X, et al. Optimization of preparation technology for modified coal fly ash and its adsorption properties for Cd^{2+}［J］. Journal of Hazardous Materials, 2020, 392: 122461.

[10] HUANG X, ZHAO H, ZHANG G, et al. Potential of removing Cd（Ⅱ）and Pb（Ⅱ）from contaminated water using a newly modified fly ash［J］. Chemosphere, 2020, 242: 125148.

[11] DE CARVALHO T E M, FUNGARO D A, MAGDALENA C P, et al. Adsorption of indigo carmine from aqueous solution using coal fly ash and zeolite from fly ash［J］. Journal of Radioanalytical and Nuclear Chemistry, 2011, 289: 617-626.

[12] OCHEDI F O, LIU Y, HUSSAIN A. A review on coal fly ash-based adsorbents for mercury and arsenic removal［J］. Journal of Cleaner Production, 2020, 267: 122143.

[13] BUKHARI S S, BEHIN J, KAZEMIAN H, et al. Conversion of coal fly ash to zeolite utilizing microwave and ultrasound energies: A review［J］. Fuel, 2015, 140: 250-266.

[14] AYODELE O B, LIM J K, HAMEED B H. Degradation of phenol in photo-Fenton process by phosphoric acid modified kaolin supported ferric-oxalate catalyst: Optimization and kinetic modeling［J］. Chemical Engineering Journal, 2012, 197: 181-192.

[15] 徐如人，庞文琴，等. 分子筛与多孔材料化学［M］. 北京：科学出版社，2004.

[16] GREGG S J, SING K S W. Adsorption, Surface Area and Porosity［M］. Academic Press, New York, 1982.

[17] SING K S W. Reporting physisorption data for gas/solid systems with special reference to the determination of surface area and porosity［J］. Pure And Applied Chemistry, 1982, 54: 2201-2218.

[18] CHATTERJEE A, HU X, LAM F L. Modified coal fly ash waste as an efficient heterogeneous catalyst for dehydration of xylose to furfural in biphasic medium［J］. Fuel, 2019, 239: 726-736.

[19] JAIN D, KHATRI C, RANI A. Synthesis and characterization of novel solid base catalyst from fly ash［J］. Fuel, 2011, 90: 2083-2088.

[20] HASSAN N, SHAHAT A, EL-DEEN I M. Synthesis and characterization of NH_2-MIL-88（Fe）for efficient adsorption of dyes［J］. Journal of Molecular Structure, 2022, 1258: 132662.

[21] JAKAB N I, HERNADI K, KISS J T, et al. Covalent grafting of copper-amino acid complexes onto chloropropylated silica gel—An FT-IR study［J］. Journal of Molecular Structure, 2005, 744-747: 487-494.

[22] PRIYA V N, RAJKUMAR M, MOBIKA J, et al. Adsorption of As（Ⅴ）ions from aqueous solution by carboxymethyl cellulose incorporated layered double hydroxide/reduced graphene

oxide nanocomposites: Isotherm and kinetic studies [J]. Environmental Technology & Innovation, 2022, 26: 102268.

[23] ALGOUFI Y T, HAMEED B H. Synthesis of glycerol carbonate by transesterification of glycerol with dimethyl carbonate over K-zeolite derived from coal fly ash [J]. Fuel Process Technology, 2014, 126: 5-11.

[24] BRYLEWSKA K, ROŻEK P, KRÓL M, et al. The influence of dealumination/desilication on structural properties of metakaolin-based geopolymers [J]. Ceramics International, 2018, 44: 12853-12861.

[25] WANG B, ZHOU Y, LI L, et al. Novel synthesis of cyano-functionalized mesoporous silica nanospheres (MSN) from coal fly ash for removal of toxic metals from wastewater [J]. Journal of Hazardous Materials, 2018, 345: 76-86.

[26] CHERAGHIPOUR E, JAVADPOUR S, MEHDIZADEH A. Citrate capped superparamagnetic iron oxide nanoparticles used for hyperthermia therapy [J]. Journal of Biomedical Science and Engineering, 2012, 5: 715-719.

[27] VUKOSAV P, MLAKAR M, TOMIŠIĆ V. Revision of iron (Ⅲ) -citrate speciation in aqueous solution. Voltammetric and spectrophotometric studies [J]. Analytica Chimica Acta, 2012, 745: 85-91.

[28] KUNG J, LI B. Lattice dynamic behavior of orthoferrosilite ($FeSiO_3$) toward phase transition under compression [J]. Journal of Physical Chemistry C, 2014, 118: 12410-12419.

[29] 罗永明, 韩彩芸, 何德东. 铝系无机材料在含砷废水净化中的关键技术 [M]. 北京: 冶金工业出版社, 2019.

[30] STYSZKO K, SZCZUROWSKI J, CZUMA N, et al. Adsorptive removal of pharmaceuticals and personal care products from aqueous solutions by chemically treated fly ash [J]. International Journal of Environmental Science And Technology, 2018, 15: 493-506.

[31] DINARI M, NEAMATI S. Surface modified layered double hydroxide/polyaniline nanocomposites: Synthesis, characterization and Pb^{2+} removal [J]. Colloids And Surfaces A-Physicochemical And Engineering Aspects, 2020, 589: 124438.

[32] GU J, ZHOU H, TANG H, et al. Cadmium and arsenic accumulation during the rice growth period under in situ remediation [J]. Ecotoxicology And Environmental Safety, 2019, 171: 451-459.

[33] ZHANG J B, LI S P, LI H Q, et al. Acid activation for pre-desilicated high-alumina fly ash [J]. Fuel Processing Technology, 2016, 151: 64-71.

[34] ZHANG K, ZHANG D, ZHANG K. Arsenic removal from water using a novel amorphous adsorbent developed from coal fly ash [J]. Water Science And Technology, 2016, 73: 1954-1962.

[35] SMEDLEY P L, KINNIBURGH D G. A review of the source, behaviour and distribution of arsenic in natural waters [J]. Applied Geochemistry, 2016, 17: 517-568.

[36] HAN C, PU H, LI H, et al. The optimization of As (V) removal over mesoporous alumina by using response surface methodology and adsorption mechanism [J]. Journal of Hazardous

Materials, 2013, 254-255: 301-309.

[37] ZENG H, WANG F, XU K, et al. Preparation of manganese sludge strengthened chitosan-alginate hybrid adsorbent and its potential for As (Ⅲ) removal [J]. International Journal of Biological Macromolecules, 2020, 149: 1222-1231.

[38] LIU Z, ZHANG F S, SASAI R. Arsenate removal from water using Fe_3O_4-loaded activated carbon prepared from waste biomass [J]. Chemical Engineering Journal, 2010, 160: 57-62.

[39] 刘德坤, 刘航, 杨柳, 等. 镧、铈改性介孔氧化铝对氟离子的吸附 [J]. 材料导报, 2019, 33 (2): 590-594.

[40] HAN C, LIU H, ZHANG L, et al. Effectively uptake arsenate from water by mesoporous sulphated zirconia: Characterization, adsorption, desorption, and uptake mechanism [J]. Canadian Journal of Chemical Engineering, 2017, 95: 543-549.

[41] HE Y, ZHANG L, AN X, et al. Microwave assistant rapid synthesis MCM-41-NH_2 from fly ash and Cr (Ⅵ) removal performance [J]. Environmental Science and Pollution Research, 2019, 26: 31463-31477.

[42] PODDER M S, MAJUMDER C B. Studies on the removal of As (Ⅲ) and As (Ⅴ) through their adsorption onto granular activated carbon/$MnFe_2O_4$ composite: Isotherm studies and error analysis [J]. Composite Interfaces, 2016, 23: 327-372.

[43] FATOKI O S, AYANDA O S, ADEKOLA F A, et al. Sorption of triphenyltin chloride to nFe_3O_4, fly ash, and nFe_3O_4/fly ash composite material in seawater [J]. Clean, 2013, 42: 472-479.

[44] MAJD M M, KORDZADEH-KERMANI V, GHALANDARI V, et al. Adsorption isotherm models: A comprehensive and systematic review (2010—2020) [J]. Science of the Total Environment, 2022, 812: 151334.

[45] HAN C, LI H, PU H, et al. Synthesis and characterization of mesoporous alumina and their performances for removing arsenic (Ⅴ) [J]. Chemical Engineering Journal, 2013, 217: 1-9.

[46] REN Z, ZHANG G, CHEN J P. Adsorptive removal of arsenic from water by an iron-zirconium binary oxide adsorbent [J]. Journal of Colloid And Interface Science, 2011, 358: 230-237.

[47] TE B, WICHITSATHIAN B, YOSSAPOL C. Adsorptive behavior of low-cost modified natural clay adsorbents for arsenate removal from water [J]. International Journal of Geomate, 2017, 12: 1-7.

[48] MUKHOPADHYAY R, MANJAIAH K M, DATTA S C, et al. Inorganically modified clay minerals: Preparation, characterization, and arsenic adsorption in contaminated water and soil [J]. Applied Clay Science, 2017, 147: 1-10.

[49] GOSWAMI A, RAUL P K, PURKAIT M K. Arsenic adsorption using copper (Ⅱ) oxide nanoparticles [J]. Chemical Engineering Research & Design, 2012, 90: 1387-1396.

[50] VERMA L, SINGH J. Synthesis of novel biochar from waste plant litter biomass for the removal of Arsenic (Ⅲ and Ⅴ) from aqueous solution: A mechanism characterization, kinetics and thermodynamics [J]. Journal of Environmental Management, 2019, 248: 109235.

[51] LI Q, XU XT, CUI H, et al. Comparison of two adsorbents for the removal of pentavalent arsenic

from aqueous solutions [J]. Journal of Environmental Management, 2012, 98: 98-106.

[52] MEHER A K, DAS S, RAYALU S, et al. Enhanced arsenic removal from drinking water by iron-enriched aluminosilicate adsorbent prepared from fly ash [J]. Desalination and Water Treatment., 2016, 57: 20944-20956.

[53] SWAIN S K, PATNAIK T, SINGH V K, et al. Kinetics, equilibrium and thermodynamic aspects of removal of fluoride from drinking water using meso-structured zirconium phosphate [J]. Chemical Engineering Journal, 2011, 171: 1218-1226.

[54] CHEN B, LONG F, CHEN S, et al. Magnetic chitosan biopolymer as a versatile adsorbent for simultaneous and synergistic removal of different sorts of dyestuffs from simulated wastewater [J]. Chemical Engineering Journal, 2020, 385: 123926.

[55] YANG H, MIN X, XU S, et al. Lanthanum (III) -Coated ceramics as a promising material in point-of-use water treatment for arsenite and arsenate removal [J]. ACS Ustainable Chemistry & Engineering, 2019, 7: 9220-9227.

[56] JIA R, CHEN J, ZHAO J, et al. Synthesis of highly nitrogen-doped hollow carbon nanoparticles and their excellent electrocatalytic properties in dye-sensitized solar cells [J]. Journal of Materials Chemistry, 2010, 20: 10829-10834.

[57] MAZOV I, KUZNETSOV V L, SIMONOVA I A, et al. Oxidation behavior of multiwall carbon nanotubes with different diameters and morphology [J]. Applied Surface Science, 2012, 258: 6272-6280.

[58] XING T, ZHENG Y, LI L H, et al. Observation of active sites for oxygen reduction reaction on nitrogen-doped multilayer graphene [J]. ACS Nano, 2014, 8: 6856-6862.

[59] JAFARI Z, AVARGANI V M, RAHIMI M R, et al. Magnetic nanoparticles-embedded nitrogen-doped carbon nanotube/porous carbon hybrid derived from a metal-organic framework as a highly efficient adsorbent for selective removal of Pb (II) ions from aqueous solution [J]. Journal of Molecular Liquids, 2020, 318: 113987.

[60] XIAO C, GADDAM R R, WU Y, et al. Improvement of the electrocatalytic performance of FeP in neutral electrolytes with Fe nanoparticles [J]. Chemical Engineering Journal, 2020: 127330.

[61] ZHAO Y, LIANG B, WEI X, et al. A core-shell heterostructured CuFe@ NiFe Prussian blue analogue as a novel electrode material for high-capacity and stable capacitive deionization [J]. Journal of Materials Chemistry A, 2019, 7: 10464-10474.

[62] HONG G, KIM T W, KWAK M J, et al. Composite electrodes of Ti-doped $SrFeO_3$-δ and LSGMZ electrolytes as both the anode and cathode in symmetric solid oxide fuel cells [J]. Journal of Alloys and Compounds, 2020, 846: 156154.

[63] HUANG G, GRANO S, SKINNER W. Galvanic interaction between grinding media and arsenopyrite and its effect on flotation: Part II. Effect of grinding on flotation [J]. International Journal of Mineral Processing, 2006, 78: 198-213.

4 粉煤灰合成 X 型沸石及壳聚糖改性 X 型沸石对砷的去除

国家发改委、科技部、工信部、财政部、生态环境部等十个部门联合发布的《关于"十四五"大宗固体废弃物综合利用的指导意见》中提出，煤矸石、粉煤灰、尾矿（共伴生矿）、冶炼渣和农作物秸秆等大宗固废的综合利用能力到2025年要显著提升，且要扩大它们的利用规模。其中，高值资源化利用是大宗固体废弃物综合利用的一个重要方向[1]。据调查显示，固体废弃物粉煤灰的化学组分为约80%的 SiO_2 和 Al_2O_3，20%的 Fe 氧化物、CaO、MgO、K_2O 和 Na_2O 等[2-3]。由此可知，粉煤灰的主要成分是硅和铝，这与沸石成分较为相似，所以以粉煤灰为原料合成沸石是实现粉煤灰高值资源化的一个重要方向。本章就粉煤灰合成 X 型沸石过程中的各因素，如铝源类型、碱灰比和结晶温度等对合成沸石样品结构的影响进行考察。此外，由于沸石表面含有 Al—OH 和 Si—OH 官能团而被用作吸附剂来去除水中污染物，如染料、磷和砷等[4-7]。如第 1 章中所介绍的，沸石是很重要的砷吸附剂之一，但目前关于砷在 X 型沸石表面的吸附行为与吸附机理考察较少，所以本章就 X 型沸石的砷吸附情况进行研究。

壳聚糖是从甲壳类动物外壳中提取出来的高分子化合物（见图4-1），属于一种阳离子多糖，它在自然界中原料丰富，价格便宜，由于其有良好的生物降解性和生物相容性，人们就壳聚糖在各领域的实际应用进行研究[9-11]。据分析，壳聚糖含有许多羟基、氨基和其他一些易与金属离子作用的基团，可通过氢键等形成网状结构的笼形分子对重金属离子形成螯合作用，从而实现重金属的吸附或捕集[12-13]。由于羟基和氨基都与砷有较强的相互作用，故本章选用壳聚糖对粉煤灰合成的 X 型沸石进行修饰和改性，以提高其对砷的吸附能力，并用 XRD 和 FT-IR

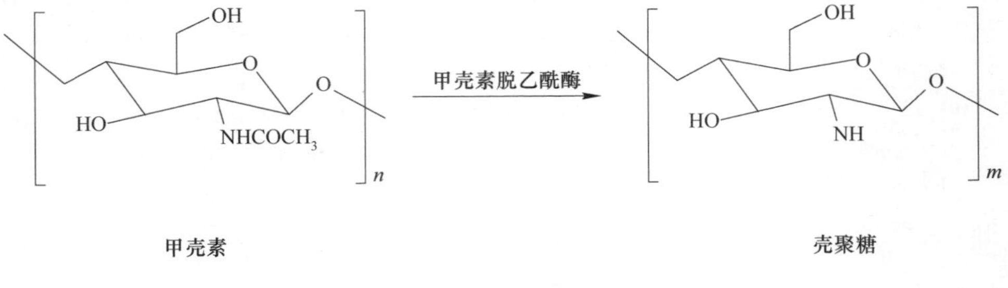

图 4-1 甲壳素脱乙酰制得壳聚糖[8]

对其所得复合材料的结构性质进行表征分析,探讨壳聚糖嫁接对 X 型沸石结构的影响、壳聚糖在 X 型沸石表面的嫁接方式,就所得复合材料的除砷性能进行考察研究,考察壳聚糖对 X 型沸石除砷的影响。同时,这也能改善壳聚糖因在酸性介质中易溶解而导致其吸附性能差的特性。

在砷吸附性能研究过程中,本节详细考察吸附反应因素中初始砷浓度、接触反应时间、溶液初始 pH 值、吸附剂投加量、体系温度对砷在吸附剂——粉煤灰合成 X 型沸石表面和壳聚糖改性粉煤灰合成 X 型沸石表面的吸附容量和砷去除率的影响,并通过使用表征手段 FT-IR 和酸碱滴定等手段对 X 型沸石吸附砷的机理进行揭示,通过借助表征手段 XPS 对砷在壳聚糖改性 X 型沸石表面的吸附剂机理进行阐述。

4.1 粉煤灰合成 X 型沸石的结构

本章节所选用的粉煤灰中硅、铝的含量分别为 57.091% 和 19.425%,其他成分(CaO、Fe_2O_3 等)的含量总占比为 23.484%。其中,由于 CaO 的含量低于 8.0%,且 SiO_2、Al_2O_3、Fe_2O_3 的总含量超过 70%,根据 *American Society for Testing and Materials*(ASTM C618)的分类,该粉煤灰属于 F 级别粉煤灰[14]。此外,由于其铝含量为 19.425%,小于 20%,可看作较低铝含量粉煤灰。

4.1.1 铝源的影响

由于该粉煤灰中的硅铝物质的量之比约为 2.5,这个值大于研究目标物——X 型沸石中的硅铝比。为进一步降低反应体系中的硅铝比,采用外加铝源的方式来调整反应体系中的硅、铝含量以合成 X 型沸石。

选用常见的 $AlCl_3$、$Al(NO_3)_3$、AlF_3 和 $NaAlO_2$ 这四种铝源为添加剂来进行分析。图 4-2 所示为材料 XRD 图,由图 4-2 可以发现,各外加铝源作用下所得样品所出现的 XRD 衍射峰数量多少依次为 $NaAlO_2$>$AlCl_3$>$Al(NO_3)_3$>AlF_3≈未加铝源≈0。经软件分析和参考其他文献报道,XRD 图谱上位于 6.15°、10.04°、11.76°、15.48°、18.46°、20.12°、23.37°、26.70°、29.12°、30.37°、30.99°、32.06°和 33.61°等处的衍射峰归属于 X 型沸石,这表明外界铝源的添加的确有利于实现粉煤灰向 X 型沸石的转变,以 $NaAlO_2$ 为最优[15]。以 $NaAlO_2$ 所得样品为参照,各添加剂所得样品中 X 型沸石的结晶度分别为 $NaAlO_2$ 的 100%、$AlCl_3$ 的 8.91%、$Al(NO_3)_3$ 的 6.31%。其中,$AlCl_3$ 和 $Al(NO_3)_3$ 所得 X 型沸石样品结晶度低的原因主要是,这两种盐中的 Al^{3+} 会消耗反应体系中的氢氧根离子并生成 $Al(OH)_3$,而反应体系中氢氧根离子的减少将直接抑制粉煤灰中硅的溶解,致使反应体系中硅酸盐离子的减少,并影响沸石合成中重要的晶核生成、成长与结晶过程[16]。NaAlO₂所得样品结晶度最好的原因是 NaAlO₂ 几乎不消耗体系中的 OH⁻，体系中足够的 OH⁻ 含量可使粉煤灰中的 SiO₂ 和 Al₂O₃ 充分溶解，得以促进硅酸盐离子与铝酸盐离子的形成，更好地促进硅铝酸盐溶胶的生成[17]。所以，之后的考察研究中选用 NaAlO₂ 作为外加铝源来调节反应体系中的硅铝比。

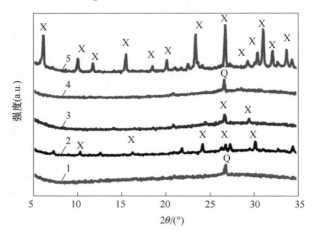

图 4-2 外加铝源对 X 型沸石形成的影响

X—X 型沸石；Q—石英

1—未添加铝源；2—AlCl₃；3—Al（NO₃）₃；4—AlF₃；5—NaAlO₂

4.1.2 NaAlO₂ 添加量的影响

从图 4-2 可以看出，反应体系中释放出来参与反应的硅、铝含量直接影响所得沸石样品的类型，为进一步考察反应体系中的硅、铝含量对产品结构的影响，并得到较好的 X 型沸石结构，本章在 0.019~0.076mol 范围内通过调整 NaAlO₂ 添加量来实现硅、铝含量比的改变，并就此进行考察研究。

图 4-3 为不同 NaAlO₂ 添加量条件下所得沸石样品的 XRD 图。由图 4-3 可知：当 NaAlO₂ 添加量从 0.019mol 增加到 0.038mol 时，归属于 X 型沸石的衍射峰数量随着铝源添加量的增加而增多，即表明反应体系中铝酸盐的增多有利于硅铝酸盐胶体的形成，以及 X 型沸石的合成；当继续增加 NaAlO₂ 剂量到 0.076mol 时，X 型沸石的特征峰迅速减少，同时归属于 A 型沸石的特征峰快速增加，经计算此时反应体系中硅铝比为 0.625，这表明低硅铝比不适于 X 型沸石的合成，这与 Tanaka 及其同事的研究结果相一致[18]。综上所述，在此粉煤灰合成 X 型沸石的反应体系中，合成 X 型沸石的最佳 NaAlO₂ 添加量是 0.038mol。

4.1.3 NaOH/粉煤灰的影响

在沸石合成的整个实验流程中，NaOH 对粉煤灰的活化过程是一个很重要的

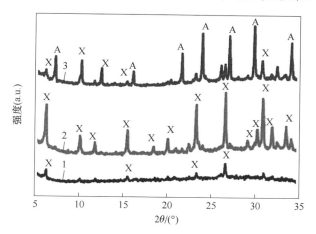

图 4-3　NaAlO$_2$ 添加量对所得沸石样品的影响

X—X 型沸石；A—A 型沸石

1—0.019mol；2—0.038mol；3—0.076mol

过程，它不仅影响着体系中硅、铝原料的活化，还影响着整个反应体系的 pH 值和晶化过程。本小节通过改变 NaOH 添加量来调整 NaOH/粉煤灰比例在 0.9∶1、1.2∶1 和 1.5∶1 范围内，以此考察不同 NaOH/粉煤灰比值对沸石晶型结构的影响。图 4-4 是不同 NaOH/粉煤灰比例下所得样品的 XRD 图谱。很明显，当 NaOH/粉煤灰的比值在 0.9∶1、1.2∶1 和 1.5∶1 时所得样品中均有 X 型沸石出现，但是 X 型沸石衍射峰在 0.9∶1 这一比值条件下表现出的特征峰峰强较低，究其原因主要是少量 NaOH 不能最大限度地实现粉煤灰活化和粉煤灰中硅、铝的溶

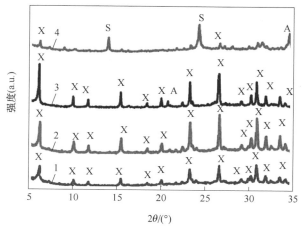

图 4-4　不同 NaOH/粉煤灰比值所得样品的 XRD 图

X—X 型沸石；A—A 型沸石；S—(羟基)-方钠石

1—0.9∶1；2—1.2∶1；3—1.5∶1；4—2∶1

出，从而影响了沸石的结晶。此外，当 NaOH/粉煤灰的比值增加到 1.5∶1 时，所得样品的 XRD 图谱中出现了属于 A 型沸石的衍射峰，究其原因主要是原始粉煤灰中硅的溶出高于铝，此时体系中硅、铝含量比较高，不利于 X 型沸石的合成，有 A 型沸石混合在其中；当继续增加 NaOH/粉煤灰比到 2∶1 时，过量 NaOH 的使用，导致已生成的 X 型沸石再溶解、再结晶，并生成更稳定的（羟基）-方钠石[19]。综上所述，在此粉煤灰合成 X 型沸石的反应体系中，最佳活化 NaOH/粉煤灰的比值是 1.2∶1。

4.1.4 结晶时间和温度的影响

结晶时间和温度是影响沸石合成的重要因素，它们通过控制沸石结构单元重排构成的多面体和沸石晶核的生成速率等来影响沸石的晶型[20-21]。为考察结晶时间和结晶温度对粉煤灰合成沸石晶型的影响，研究者将反应时间和体系温度分别控制在 1~12h 和 60~120℃ 内，其中具体反应时间分别为 1h、2h、3h、6h、9h、12h，反应体系温度分别为 60℃、75℃、90℃ 和 120℃。

图 4-5 是不同结晶温度和不同结晶时间下所得样品的 XRD 图。图 4-5（a）是结晶温度为 60℃ 下各不同结晶时间所得样品的 XRD，可以看出：在反应时间为 1~3h 时，图谱上只出现有 Q 型特征峰，即所得样品为石英；当反应时间增加到 6h 时，逐渐有属于 X 型沸石的特征峰出现，但是这个特征峰数量较少，其原因是较低温环境下所需的成核诱导期较长，短时间内无法生成 X 型沸石晶型[22]。当结晶温度升高到 75℃ 时［见图 4-5（b）］：在反应时间为 1~3h 时，XRD 图谱依旧如结晶温度 60℃ 的结果一样，仅有属于石英的特征峰；当结晶时间增加到 6h 时，代表 X 型沸石的特征衍射峰迅速增多，即表明在高温环境下，X 型沸石成核诱导期缩短；当继续将反应时间增加到 12h 时，所得样品没有其他晶型生成，仅有 X 型沸石的生成，这说明在此结晶温度下所考察的 6~12h 实验条件下都可以得到单一类型的沸石晶型。当继续升高结晶温度到 90℃，可以从图 4-5（c）发现：在结晶时间从 1h 增加到 2h 时，XRD 图谱中就出现了代表 X 型沸石的特征衍射峰，且不存在其他杂质峰；且其归属于 X 型沸石的衍射峰峰强随着反应时间从 2h 增加到 6h 出现增强趋势，但当继续增加结晶时间至 12h 时则出现 X 型沸石的衍射峰峰强变弱的现象，究其原因主要是体系中硅浓度不随着结晶时间的延长而增加，但铝浓度会增多，从而降低了整个体系的硅铝比，并对 X 型沸石的合成产生影响；在 2~12h 这一考察时间范围内，所得样品的衍射峰都属于 X 型沸石衍射峰，即表明所得样品均是单一的 X 型沸石。随着结晶温度继续升高到 120℃ 时，所得样品的 XRD 图谱如图 4-5（d）所示，其中，X 型沸石的特征衍射峰在反应时间为 2h 时就表现出来了；当反应时间增加到 3h 时，XRD 图谱上同时出现了归属于（羟基）-方钠石和 X 型沸石的衍射峰；当结晶时间增加到 12h 时，所得样品仅出现了属于（羟基）-方钠石的衍射峰，这是因为（羟基）-方钠石比

X型沸石更加稳定,在较高结晶温度和较长结晶时间作用下,X型沸石会再溶解、再结晶,并形成更加稳定的样品。

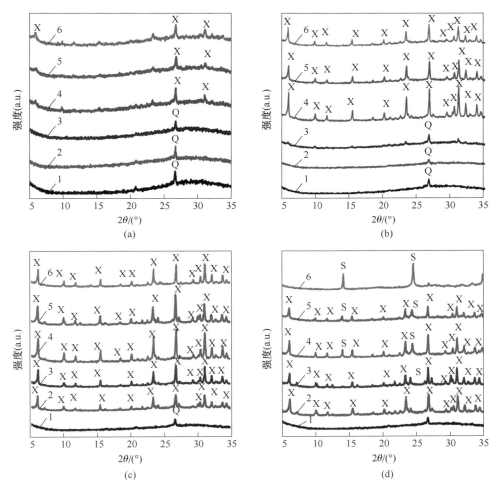

图4-5 不同结晶温度下各结晶时间所得样品的XRD图谱
X—X型沸石;S—(羟基)-方钠石;Q—石英
(a) 60℃;(b) 75℃;(c) 90℃;(d) 120℃
1—1h;2—2h;3—3h;4—6h;5—9h;6—12h

总的来看:图4-5中60℃、75℃、90℃和120℃这四个温度作用下,无论温度高低,在结晶时间为1h时所有样品都仅有属于石英的特征峰出现;从X型沸石衍射峰的强度和衍射峰的单一性来看,6h反应时间下各研究温度所得样品最佳。为进一步确定最佳晶化温度,选用相对结晶度对其进行计算,计算公式见式(4-1),计算所得结果如图4-6所示。

$$相对结晶度 = \frac{样品特征峰面积之和}{基准样品的特征峰面积之和} \times 100\% \tag{4-1}$$

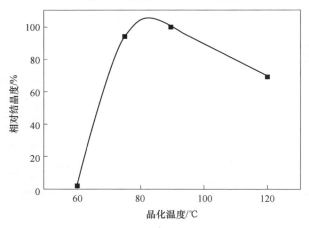

图 4-6　晶化温度对样品结晶度的影响

很明显，90℃时所得 X 型沸石的结晶度最高。所以后期研究中选用添加偏铝酸钠为外加铝源，晶化温度为 90℃、时间为 6h 时所得 X 型沸石进行研究。

4.2　X 型沸石对砷的吸附

4.2.1　吸附剂比较

众所周知，吸附剂类型和种类是影响污染物去除效果的重要因素[23-24]。就 As（V）去除来看，废弃物粉煤灰虽然也被用作砷吸附剂，但其吸附容量很低，为进一步提高其吸附能力，本节将研究中的粉煤灰转变为 X 型沸石，为考察转变前后砷吸附性能的差异，分别就原始粉煤灰和 X 型沸石为吸附剂来考察其对砷的吸附性能，结果如图 4-7 所示。

从图 4-7 可以看出：在整个考察时间范围内，X 型沸石和粉煤灰都能大幅度去除 As（V），但 X 型沸石对 As（V）的去除能力明显高于粉煤灰本身；X 型沸石吸附去除 As（V）所需的平衡时间明显少于粉煤灰的，其中 X 型沸石的吸附平衡时间约为 200min，原始粉煤灰吸附 As（V）的平衡时间为 720min；在吸附反应刚开始的 15min 内，X 型沸石对 As（V）的去除率明显高于粉煤灰，即表明 X 型沸石的外表面活性位点多于粉煤灰表面的；X 型沸石和粉煤灰对 As（V）的最大去除率分别为 83% 和 58%。综上可知，由于 $NaAlO_2$ 的添加，X 型沸石比粉煤灰本身具有更多的吸附位点 Al—OH，即添加 $NaAlO_2$ 发生的粉煤灰物相转变增加了吸附砷的活性位点，使得材料的砷吸附容量增加，缩短反应平衡时间，这也再次证明 Al—OH 或金属—OH 是吸附 As（V）的主要活性位点[25-26]。

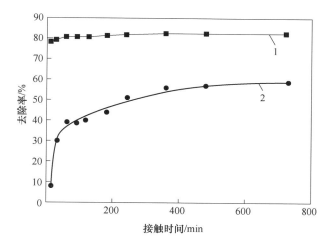

图 4-7　X 型沸石和原始粉煤灰对 As（Ⅴ）的去除
1—X 型沸石；2—原始粉煤灰

4.2.2　溶液 pH 值影响

一般情况下，溶液 pH 值通过影响 As（Ⅴ）在水溶液中的存在形态、吸附剂表面所带电荷数量及电荷性质来影响材料对 As（Ⅴ）的去除情况。为考察溶液 pH 值对 X 型沸石去除 As（Ⅴ）性能的影响，本节选择在初始 pH 值分别为 1.78、2.14、2.59、3.05、4.03 和 4.87 的环境下进行考察。

图 4-8 为不同 pH 值下 X 型沸石对水体中 As（Ⅴ）的去除情况。由图 4-8 可

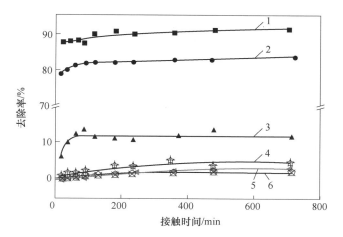

图 4-8　初始 pH 值对 As（Ⅴ）去除率的影响
1—1.78；2—2.14；3—2.59；4—3.05；5—4.03；6—4.87

知：在整个研究范围内，随着溶液 pH 值的升高，As（V）去除率出现明显下降；当 pH 值从 2.14 升高到 2.59 时，As（V）最大去除率从 83% 迅速降低到 12% 左右；当继续升高溶液 pH 值时，溶液中 As（V）去除率也出现下降趋势，但下降结果不明显。

为分析 pH 值对 As（V）在 X 型沸石表面吸附的抑制原因，用酸碱滴定法对合成的 X 型沸石进行等电点测定，测定结果如图 4-9 所示。从图 4-9 可以看出，本节用粉煤灰所得 X 型沸石样品的等电点为 2.4，这表明，在 pH<2.4 的水溶液中，吸附剂表面带正电荷；在 pH>2.4 的水溶液中，吸附剂表面带负电荷。而因为 As（V）在本小节所研究 pH 值范围内，主要是以阴离子形式存在，所以在 pH<2.4 的反应介质中，阴离子 As（V）通过正负电荷静电吸引吸附在带正电荷的 X 型沸石表面，由于吸附过程中溶液 pH 值出现升高现象（见图 4-17），pH 值在整个吸附时间内都在 4.5~4.6 范围，此时 As（V）主要以 $H_2AsO_4^-$ 形式存在，所以此条件下 As（V）去除率较高；在 pH>2.4 的反应介质中，As（V）与 X 型沸石表面电荷均为负电荷，彼此之间相互排斥，使得 As（V）去除率明显下降，直达 10% 以下。此外，所合成 X 型沸石除砷的最优 pH 值为 1.78，这明显低于其他所报道的吸附剂，如氧化铝（4.0）[27]、其他沸石[28]、壳聚糖涂层生物吸附剂[29]、硫酸化铁修饰氧化铝[30]、纤维[31]。

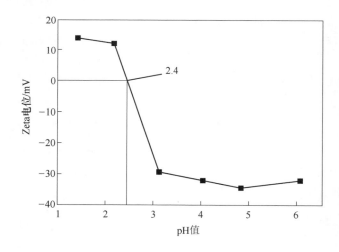

图 4-9 X 型沸石的等电点

4.2.3 初始浓度的影响

吸附反应体系中吸附质和吸附剂可通过改变其浓度大小来调整污染物去除中的传质阻力，并借此影响污染物的去除情况[32]。为考察初始砷浓度对 X 型沸石除砷性能的影响,此研究中选择在 2.50mg/L、5.16mg/L、12.20mg/L、22.83mg/L 和 43.42mg/L 的初始浓度条件下进行详细考察,考察结果如图 4-10 所示。

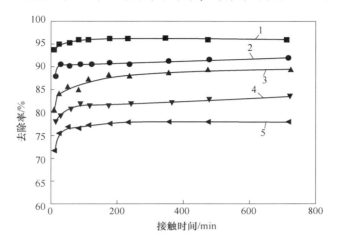

图 4-10 初始浓度对 As(Ⅴ)去除率的影响
1—2.50mg/L；2—5.16mg/L；3—12.20mg/L；4—22.83mg/L；5—43.42mg/L

从图 4-10 可以看出,As(Ⅴ)去除率随着初始浓度的增加而降低,当初始砷浓度从 2.50mg/L 增加到 43.42mg/L 时,As(Ⅴ)去除率从约 96% 降至 77% 左右。当初始 As(Ⅴ)浓度小于 5.16mg/L 时,所得 X 型沸石对砷的去除率高于 91%,同时水体中残留的 As(Ⅴ)浓度经测定小于 0.5mg/L,小于《污水排放综合标准》(GB 8978—2002)含砷污水排放所容许的最高浓度值。此外,除砷反应所需要的平衡时间也随着初始浓度的增加而延长,可能是因为高浓度环境下,砷离子吸附到 X 型沸石表面的传质阻力增加了,如初始 As(Ⅴ)浓度从 5.16mg/L 增加到 22.83mg/L 时,平衡时间从 90min 增加到 240min。这也说明,此 X 型沸石适于处理中浓度的酸性含砷工业废水。

4.2.4 吸附剂添加量的影响

吸附剂用量会直接影响与 As(Ⅴ)相互作用的活性吸附位点数量。图 4-11 是吸附剂 X 型沸石不同添加量环境下(0.8g/L、1.4g/L 和 2.0g/L)对 As(Ⅴ)的去除情况。从图 4-11 可以看出:As(Ⅴ)在 X 型沸石表面的吸附容量随着吸附剂量的增加而降低;当初始砷浓度从 0.8g/L 升高到 2.0g/L,As(Ⅴ)吸附容量从约 19mg/g 减少到 9.5mg/g 左右。究其原因是在恒定砷初始浓度条件下,大量吸附剂的存在会使得部分活性位点不能发挥其吸附性能,即造成吸附剂活性位点的浪费。此外,吸附平衡时间也随着吸附剂量的增加而缩短,当 X 型沸石添加量为 2.0g/L 时,吸附平衡时间约为 240min;当 X 型沸石添加量为 1.4g/L 时,吸附平衡时间约为400min；当进一步降低X型沸石添加量为0.8g/L时，吸附平衡时间延长至480min。

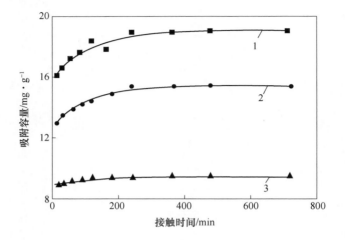

图4-11　吸附剂剂量与吸附时间对As（Ⅴ）吸附性能的影响

1—0.8g/L；2—1.4g/L；3—2.0g/L

4.2.5　温度的影响

吸附反应体系中温度通过影响布朗运动而影响吸附质的去除性能。本节选择在（20±2）℃、（35±2）℃、（50±2）℃和（65±2）℃条件下对As（Ⅴ）在X型沸石表面的吸附性能进行调查研究，结果如图4-12所示。由图4-12可知，体系温度从20℃升高到65℃时，X型沸石对As（Ⅴ）的吸附容量从9.5mg/g升高到

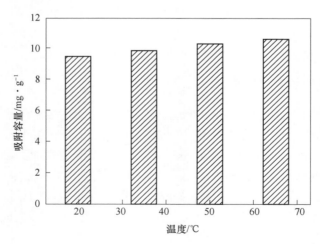

图4-12　反应体系温度对As（Ⅴ）吸附容量的影响

10.6mg/g,即表明升高反应体系温度可有效增加液体分子的布朗运动,提高吸附剂与 As(V)间的相互作用,并提高 As(V)在 X 型沸石表面的吸附容量[33]。

4.2.6 吸附等温线

根据第 2 章中所描述的,吸附等温线是对吸附平衡时所得实验数据进行拟合分析,并用所得结果对吸附剂与吸附质的作用方式进行一个判定。在此节处,通过选用非线性的 Langmuir[见式(2-6)]、Freundlich[见式(2-8)]和 Dubinin-Radushkevich[D-R,见式(2-10)]这三个吸附等温方程对实验数据进行拟合和分析[34]。

图 4-13 为 Langmuir 和 Freundlich 吸附等温式对 X 型沸石吸附去除 As(V)的等温线方程拟合分析结果,根据公式计算所得数据参数及拟合的回归系数被总结在表 4-1 中。由图 4-13 可以看出,三种吸附等温方程拟合所得等温线与实验数据的离散程度依次为 D-R>Langmuir>Freundlich。这一结果与表 4-1 中所显示的回归系数值相一致,其中 Freundlich 的回归系数($R^2=0.998$)最为接近于 1.0。但 Langmuir 的回归系数 R^2 值($R^2>0.98$)也较为接近 1.0,所以其模型数据也有分析的意义,经计算,As(V)在 X 型沸石表面的单分子层吸附容量最大为 27.79mg/g,这一值明显高于现有的很多报道和材料,如活性炭(3.09mg/g)[35]、生物炭(3.85~11.01mg/g)[36]、针铁矿-聚丙烯酰胺复合物(1.22mg/g)[37]、嫁接铁和锆的纤维(分别为 2.55mg/g 和 2.89mg/g)[38]、Y 改性氧化铝颗粒[39]和交换嫁接 Cu 的 A 型沸石等[40],这表明粉煤灰所得 X 型沸石对 As(V)有较强的吸附能力。

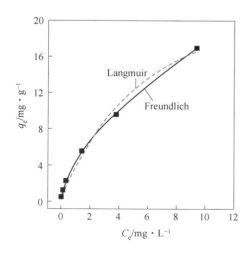
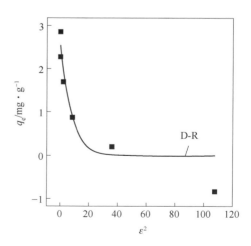

图 4-13 As(V)吸附在 X 型沸石表面的吸附等温线

表 4-1　X 型沸石吸附 As（Ⅴ）的吸附等温式的相关参数

吸附等温模型	R^2	相关参数	χ^2
Langmuir 吸附等温式	0.984	$q_{max}=27.79\text{mg/g}$，$K_L=0.15$	109.82
Freundlich 吸附等温式	0.998	$K_F=4.36\text{mg/g}$，$1/n=0.60$	46.45
D-R 吸附等温式	0.876	$\beta=0.15$，$q_m=2.55\text{mg/g}$	—

由于 Langmuir 和 Freundlich 吸附等温式的 R^2 值较为相近，为进一步检验两个等温方程，选用卡方检验（χ^2）来进行分析。卡方检验方程见式（4-2），计算结果列入表（4-1）。从表 4-1 中的 χ^2 值可以看出，Langmuir 的 χ^2 值明显大于 Freundlich 的，即表明 As（Ⅴ）在 X 型沸石表面的吸附行为更加符合 Freundlich 等温式。

$$\chi^2 = \sum \frac{(q_e - q_{e,m})^2}{q_{e,m}} \tag{4-2}$$

式中，q_e 为吸附平衡时的吸附容量，mg/g；$q_{e,m}$ 为理论计算的吸附容量，mg/g。

4.2.7　吸附动力学

吸附动力学的分析对于吸附质在吸附剂表面吸附过程中吸附速率的考察是非常有必要的。为研究不同初始浓度下 X 型沸石去除 As（Ⅴ）过程中的吸附动力学，研究者选择在初始浓度为 0.88mg/L、2.50mg/L、5.16mg/L、12.20mg/L、22.83mg/L 和 43.42mg/L 的条件下，不同接触时间 15min、30min、60min、90min、120min、180min、240min、360min、480min 和 720min 下进行考察，所得各实验数据经第 2 章中所提出的准一级动力学［见式（2-14）］和准二级动力学［见式（2-16）］模型的线性形式方程来进行拟合与分析。

经准一级动力学和准二级动力学拟合所得的线性结果如图 4-14 所示，相关参数列入表 4-2 中。从图 4-14 中可以清楚发现，在所研究各浓度条件下，准二级动力学方程拟合所得直线与实验数据之间的离散程度最低，这表明 As（Ⅴ）在 X 型沸石表面的吸附行为遵从准二级动力学方程。为进一步证明线性拟合结果的有效性，研究者选用之前报道中所提到的判断标准，即所考察吸附动力学方程需要同时满足两个方面：（1）动力学方程与实验数据拟合所得回归系数与 1.0 更为接近；（2）实验数据经动力学方程拟合后所计算出的吸附容量值（$q_{e,cal}$）与真实的实验数据（$q_{e,exp}$）更为吻合[41-42]。从表 4-2 中可以看出：准二级动力学方程对实验数据进行线性拟合所得线性回归系数 R^2 在所研究的各浓度条件下均大于准一级动力学方程的 R^2 值，且准二级动力学方程的 R^2 值都大于 0.998，即准二级动力学方程的 R^2 值更为接近 1.0；在所研究浓度 0.88mg/L、2.50mg/L、5.16mg/L、12.20mg/L、22.83mg/L 和 43.42mg/L 下所得的实际平衡吸附容量分别是 0.43mg/g、1.20mg/g、2.36mg/g、5.45mg/g、9.52mg/g 和 16.97mg/g，这与准二级动力学方程计算所得各浓度下的理论吸附容量 0.43mg/g、1.20mg/g、2.37mg/g、5.50mg/g、9.53mg/g 和 17.00mg/g 极为接近。综上，可认定 As（Ⅴ）在 X 型沸石表面的吸附行为符合准二级动力学方程，即"表面反应"是其吸附速率控制步骤[43]。

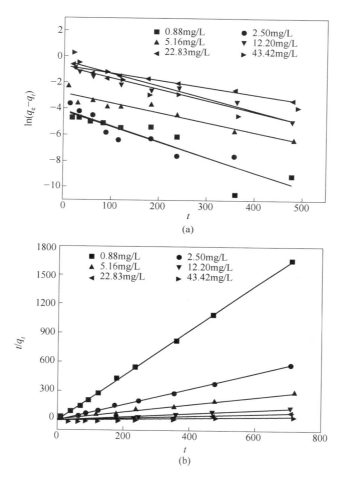

图 4-14 X 型沸石去除 As（Ⅴ）的准一级动力学和准二级动力学拟合图
(a) 准一级动力学；(b) 准二级动力学

表 4-2 X 型沸石吸附 As（Ⅴ）的准一级动力学和准二级动力学方程参数

C_0 /mg·L^{-1}	$q_{e,exp}$ /mg·g^{-1}	准一级动力学方程			准二级动力学方程		
		k_1	$q_{e,cal}$/mg·g^{-1}	R^2	k_2	$q_{e,cal}$/mg·g^{-1}	R^2
0.88	0.43	0.0118	0.02	0.7862	2.0462	0.43	0.9989

续表 4-2

C_0 /mg·L^{-1}	$q_{e,exp}$ /mg·g^{-1}	准一级动力学方程			准二级动力学方程		
		k_1	$q_{e,cal}$/mg·g^{-1}	R^2	k_2	$q_{e,cal}$/mg·g^{-1}	R^2
2.50	1.20	0.0115	0.01	0.7848	2.4803	1.20	1.0000
5.16	2.36	0.0073	0.06	0.8911	0.4263	2.37	0.9997
12.20	5.45	0.0084	0.47	0.9487	0.0563	5.50	0.9995
22.83	9.52	0.0052	0.44	0.9236	0.0453	9.53	0.9998
43.42	16.97	0.0091	0.64	0.8316	0.0454	17.00	1.0000

4.2.8 吸附热力学

为更好地了解吸附体系温度对 As（V）在 X 型沸石表面吸附行为的影响，选用参数标准焓变（$\Delta H^\ominus$）、标准熵变（$\Delta S^\ominus$）和吉布斯自由能（$\Delta G^\ominus$）对不同温度下所得吸附实验数据进行分析。其中各参数间的关系如第 2 章中表达式（2-18）~式（2-21）所示。

根据式（2-21）对所得实验数据进行处理，并绘制出 $\ln K_\alpha$ 与 $1/T$ 的关系图（见图 4-15）。通过图中 $\ln K_\alpha$ 与 $1/T$ 线性图的斜率和截距可计算出 $\Delta H^\ominus$ 和 $\Delta S^\ominus$ 值，相关数据见表 4-3。其中：$\Delta H^\ominus > 0$，即为正值，这说明 X 型沸石对 As（V）的吸附过程是吸热的；$\Delta S^\ominus > 0$，这表明反应体系温度的升高会引发体系混乱度的增加，有利于吸附剂与吸附活性位点充分接触，并促进吸附反应的进行；在所研究

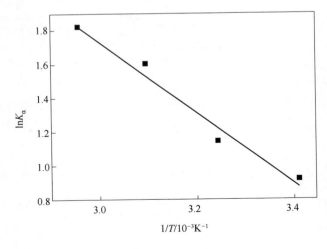

图 4-15　$\ln K_\alpha$ 与 $1/T$ 的关系图

各温度环境下，$\Delta G^{\ominus}$均为负值，且其绝对值随着体系温度的升高而增加，这表明As（V）在X型沸石表面的吸附行为是自发的。

表 4-3 X 型沸石吸附 As（V）的热力学参数

T/K	$\Delta G^{\ominus}/kJ \cdot mol^{-1}$	$\Delta H^{\ominus}/kJ \cdot mol^{-1}$	$\Delta S^{\ominus}/J \cdot (mol \cdot K)^{-1}$
293	-2.24		
308	-2.94	17.37	66.61
323	-4.30		
338	-5.13		

4.2.9 吸附机理

吸附机理的揭示可更有效的分析吸附质在吸附剂表面的吸附过程，并可为高效吸附剂的进一步研发提供一定的理论指导。为揭示 As（V）在 X 型沸石表面的吸附机理，此研究中通过结合吸附前后吸附剂表面官能团的变化、吸附溶液 pH 值的变化和前述吸附实验中的 As（V）去除数据来进行考察，其中吸附剂表面官能团变化是用 FT-IR 对吸附砷前后样品进行表征，吸附液 pH 值变化是通过对整个吸附时间内不同吸附时间的溶液 pH 值进行测定来探得。

吸附前后吸附剂表面经 FT-IR 检测，所得 X 型沸石吸附 As（V）前后的 FT-IR 图谱曲线如图 4-16 所示。新鲜 X 型沸石分别在 470cm^{-1} 和 665cm^{-1} 波数处出现了振动峰，经查阅资料，470cm^{-1} 和 665cm^{-1} 处之所以会出现峰是因为样品表面的 T—O 键（T：Si 或 Al）在光源干涉后发生了弯曲振动和伸缩振动[44]。此外，X 型沸石还在 560cm^{-1}、750cm^{-1}、970cm^{-1} 和 1637cm^{-1} 四个波数处出现了振动峰。在 560 波数处的峰是由沸石表面 Al—OH 键伸缩振动而引起的，750cm^{-1} 波数附近的峰是 X 型沸石表面 SiO$_4$ 或 AlO$_4$ 四面体结构伸缩振动引起的[45-46]。吸附剂在 970cm^{-1} 和 1637cm^{-1} 两处均出现了较强的振动峰，这两个峰分别代表了 Si—OH 和 H—OH 键[47-48]。吸附砷以后，饱和 X 型沸石样品的 FT-IR 曲线上，880cm^{-1} 波数处出现了一个清晰的属于 As—O 键的小峰，这证明 As（V）被成功地吸附在 X 型沸石表面[49-50]。新鲜吸附剂在 560cm^{-1} 和 665cm^{-1} 两波数处的振动峰峰强在吸附 As（V）后出现了很大幅度的降低，结合前人研究结果中显示的 Si—OH 对砷表现出较低的吸附能力，由此可猜测 Al—OH 参与了砷的吸附反应[51]。为证明这个猜测，研究者就吸附液在吸附过程的 pH 值变化进行了测定，结果如图 4-17 所示。从图 4-17 可以看出，溶液中 pH 值随着吸附反应的发生出现了明显的增加，溶液 pH 值在较短时间内从 2.14 左右增加到 4.6 左右。吸附液 pH 值的快速且大幅度增加说明吸附液中存在有大量 H^+ 的消耗或 OH^- 的释放，根据图 4-9 中 X 型沸石等电点（2.4）的结果来看，X 型沸石表面羟基会被质子化带正电，即说明在初始 pH 值为 2.14 条件下发生的吸附体系 pH 值升高的原因是吸附液中 H^+ 消耗。综上，As（V）在 X 型沸石表面的吸附反应是通过 Al—OH 质子化实现吸附剂表面带正电荷，并提高吸附体系中的 pH 值，使得体系中可与正电荷发生静电吸引的含砷阴离子 $H_2AsO_4^-$ 量出现显著增多而实现的。

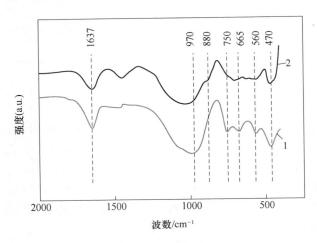

图 4-16　X 型沸石吸附 As（V）前和后的 FT-IR 图谱
1—吸附 As（V）前；2—吸附 As（V）后

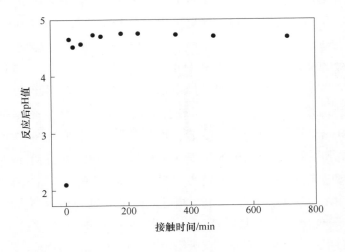

图 4-17　吸附过程中溶液 pH 值变化

4.3 壳聚糖改性 X 型沸石的结构性质

通过添加 $NaAlO_2$ 为铝源可从粉煤灰中得到结晶度较好的 X 型沸石,虽然此样品对 As(V)表现出较好的吸附能力,但为进一步扩宽其吸附能力、加强粉煤灰的附加值,本节通过选用价廉易得、可生物降解的壳聚糖对其进行修饰改性。

4.3.1 XRD

XRD 是揭示材料物相的最有效工具,图 4-18 是粉煤灰合成 X 型沸石被壳聚糖改性前后的 XRD 图谱。从图 4-18 中可知,改性后 X 型沸石的 XRD 衍射图中并没有出现属于壳聚糖的特征峰(如 $2\theta=10°$ 和 $20°$),这说明壳聚糖没有凝聚成团,而是以高分散或反应的形式嫁接在 X 型沸石上。同时,X 型沸石在 2θ 为 6.15°、10.04°、11.76°、15.48°、18.46°、20.12°、23.37°、29.12°、30.37°、30.99°、32.06°和 33.61°的特征峰在嫁接了壳聚糖后基本消失,只有在 26.70°的衍射峰留存了下来,这说明 X 型沸石的结构在壳聚糖嫁接过程中遭到了破坏[15]。究其原因主要是:(1)嫁接反应是在醋酸溶液中进行的,其中 Na-X 型沸石的 Na^+ 在酸性环境下与体系中部分电离出的 H^+ 之间发生离子交换;(2)由于矿化作用,壳聚糖与沸石中的硅羟基形成新的共价键,如式(4-3)[52-53]。

$$R\text{—}Si\text{—}OH + HO\text{—}(CH<)_n \longrightarrow R\text{—}Si\text{—}O\text{—}(CH<)_n + H_2O \quad (4\text{-}3)$$

式中,R 代表 X 型沸石的剩余基团;$HO\text{—}(CH<)_n$ 代表壳聚糖的羟基官能团。

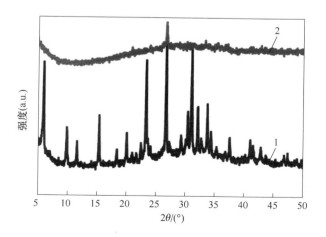

图 4-18 X 型沸石和壳聚糖改性 X 型沸石的 XRD 图谱
1—X 型沸石;2—壳聚糖改性 X 型沸石

4.3.2 FT-IR

FT-IR 的"分子指纹"功能是有效表征分子官能团结构的工具之一[54-55]。本书中,为进一步探测壳聚糖的嫁接,研究者选用 FT-IR 来检测 X 型沸石改性前后吸附剂官能团的变化。图 4-19 是壳聚糖、X 型沸石和壳聚糖改性 X 型沸石这三个样品的 FT-IR 图谱。图 4-19 中,X 型沸石在 3469cm^{-1}、970cm^{-1}、750cm^{-1}、665cm^{-1}、560cm^{-1} 和 470cm^{-1} 这六个波数处出现了吸收峰,但负载壳聚糖后样品在 970cm^{-1}、750cm^{-1}、665cm^{-1} 和 560cm^{-1} 这四个波数处的特征峰消失了,这个变化也证实了矿化反应[见式(4-3)]的发生;负载壳聚糖的 X 型沸石在 3469cm^{-1} 和 1036cm^{-1} 处出现了与壳聚糖相同的特征峰,这两个峰分别属于—NH$_2$ 和 C—O 官能团,这表明壳聚糖成功嫁接在了 X 型沸石表面[56]。

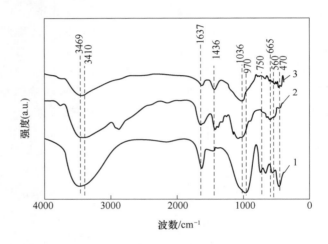

图 4-19 X 型沸石、壳聚糖和壳聚糖改性 X 型沸石的 FT-IR 图谱
1—X 型沸石;2—壳聚糖;3—壳聚糖改性 X 型沸石

4.4 壳聚糖改性 X 型沸石对 As(Ⅴ)的吸附

4.4.1 壳聚糖改性对 As(Ⅴ)吸附性能的影响

通过前期资料查阅,壳聚糖对重金属离子有较好的去除能力,为更好考察壳聚糖改性对 X 型沸石吸附 As(Ⅴ)性能的影响,进行静态批次实验,静态批次实验的条件为:初始 As(Ⅴ)浓度为 23mg/L、初始 pH 值为 2.1±0.1、吸附剂投加量为 2g/L、反应时间为 12h。整个实验重复 3 次取其平均值来分析。结果表明,壳聚糖改性 X 型沸石对 As(Ⅴ)的去除率为 98.6%,高于 X 型沸石对

As（V）的去除率 83.1%。因此，壳聚糖可有效提高 X 型沸石对 As（V）的去除能力。后面将对壳聚糖改性 X 型沸石对 As（V）的吸附能力进行详细考察。

为进一步考察壳聚糖改性 X 型沸石对 As（V）去除情况的影响，本节选用吸附容量这一指标对不同改性条件下所得复合材料的砷吸附性能进行评价，不同壳聚糖嫁接量对 X 型沸石的 As（V）去除性能影响结果如图 4-20 所示。从图 4-20 来看，As（V）在吸附剂表面的吸附容量受到壳聚糖负载量的很大影响，其中，壳聚糖负载量从 0% 增加到 2.5% 时，As（V）吸附容量出现明显升高，这是因为在复合材料表面壳聚糖所提供的活性位点数量随着壳聚糖嫁接量的增加而增加；当壳聚糖负载量继续从 2.5% 增加到 15% 时，As（V）吸附容量出现降低，但降低幅度没有前期增加幅度大，其主要是因为 X 型沸石表面所容许能够以单分子层形式最大程度负载的壳聚糖量是有个最大容许量的，过多壳聚糖量嫁接量会出现吸附位点覆盖和堆积等现象，并导致部分吸附位点不能发挥其吸附位点，即出现吸附位点浪费的现象。综上所述，2.5% 是一个最佳的负载量，其所得样品 2.5%K-X 的砷吸附性能将在后面章节进行详细介绍。

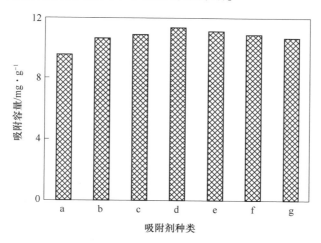

图 4-20 壳聚糖负载量对 As（V）吸附容量的影响

a—X 型沸石；b—0.5%K-X；c—1%K-X；d—2.5%K-X；e—5%K-X；f—10%K-X；g—15%K-X

4.4.2 接触时间和初始砷浓度对壳聚糖改性 X 型沸石除 As（V）性能的影响

如 4.3 节中所描述的，接触时间和初始浓度是影响吸附剂除 As（V）性能的两个重要因素。为考察反应时间和初始砷浓度对壳聚糖改性 X 型沸石除砷性能的影响，本节将反应体系中反应时间控制在 15~720min、初始砷浓度控制在 5~150mg/L，体系 pH 值设定在 2.14±0.02，所得实验结果如图 4-21 所示。从图 4-21 可知，As（V）去除率随着初始浓度的增加而降低，当去除浓度从 5mg/L

增加到 150mg/L 时，壳聚糖改性 X 型沸石对 As（V）的去除情况从 99.56% 降低到 68.43%；As（V）在壳聚糖改性 X 型沸石表面吸附所需平衡时间也随着初始浓度的增加而延长，如初始浓度为 5mg/L 时的吸附平衡时间为 240min，初始浓度为 45mg/L 时的吸附平衡时间为 480min；在初始浓度小于 22.83mg/L 时，吸附平衡时间后体系中残留的 As（V）浓度经测定小于 0.5mg/L，符合《污水排放综合标准》(GB 8978—2002) 中所规定的最大容许值。

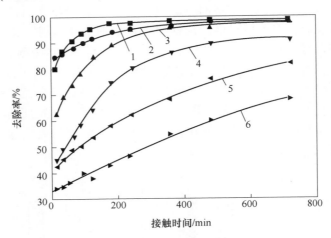

图 4-21　反应时间和初始浓度对壳聚糖改性 X 型沸石除 As（V）性能的影响

1—5mg/L；2—10mg/L；3—22.83mg/L；4—45mg/L；5—90mg/L；6—150mg/L

4.4.3　壳聚糖改性 X 型沸石投加量对 As（V）去除性能的影响

吸附剂投加量的多少意味着整个反应体系中活性位点的总量，当体系中砷浓度一定时，吸附位点的数量对污染物的去除起到重要作用。为考察吸附剂投加量对壳聚糖改性 X 型沸石除 As（V）性能的影响情况，将 As（V）初始浓度固定在 45mg/L，溶液初始 pH 值控制在 2.14±0.02，吸附剂投加量在 0.8~2.0g/L 范围内变化，所得实验结果如图 4-22 所示。

由图 4-22 可知，随着吸附剂壳聚糖改性 X 型沸石用量的增加，除砷活性位点增加，导致 As（V）去除率明显提高，吸附所需平衡时间缩短；当吸附剂用量从 0.8g/L 增加到 1.4g/L 时，As（V）最大去除率从 60% 左右增加到约 80%；继续增加吸附剂用量到 2.0g/L 时，As（V）最大去除率增加到 87%，其吸附平衡时间也从原来的大于 720min 缩短到 480min。此外，吸附剂投加量从 1.4g/L 增加到 2.0g/L 时，As（V）去除率的增加幅度（提高了约 7%）明显小于将吸附剂用量从 0.8g/L 增加到 1.4g/L 的过程中 As（V）去除率的增加幅度。

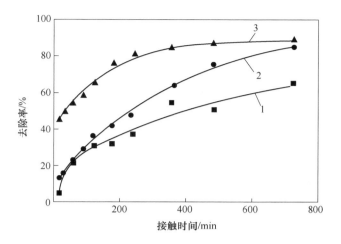

图 4-22 壳聚糖改性 X 型沸石投加量对 As（V）去除率的影响
1—0.8g/L；2—1.4g/L；3—2.0g/L

4.4.4 初始 pH 值对壳聚糖改性 X 型沸石去除 As（V）性能的影响

在含砷水去除过程中，因为反应体系 pH 值的变化会改变 As（V）在水中的存在形式 H_3AsO_4、$H_2AsO_4^-$、$HAsO_4^{2-}$、AsO_4^{3-}，并会改变吸附剂表面所带电荷的性质，所以反应体系 pH 值对水体中 As（V）的去除产生很重要的影响[57-58]。为考察体系初始 pH 值对壳聚糖改性 X 型沸石去除 As（V）性能的影响，溶液 pH 值经盐酸或氢氧化钠调整在 2.1~10.0 的范围内，所得结果如图 4-23 所示。由图 4-23 可以看出，壳聚糖改性 X 型沸石对 As（V）的去除能力随着溶液 pH 值的升

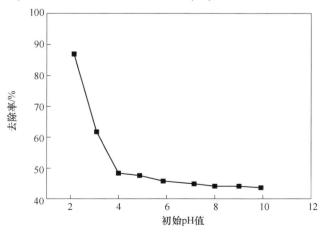

图 4-23 溶液 pH 值对壳聚糖改性 X 型沸石除 As（V）性能的影响

高而降低，这与载体 X 型沸石的趋势相一致；当初始 pH 值从 2.1 升高到 10.0 时，As（V）去除率从 87%降低至 44%。即表明壳聚糖改性 X 型沸石在酸性环境下（冶炼污酸废水）能较好地发挥性能来去除 As（V），同时壳聚糖改性没有改变 X 型沸石除 As（V）的有效工作范围。

为揭示不同 pH 值条件下壳聚糖改性 X 型沸石对 As（V）的去除情况，酸碱滴定法被用来测定材料的等电点，结果如图 4-24 所示。从图 4-24 可以清楚看出，壳聚糖改性 X 型沸石的等电点是 4.6，这个值大于 X 型沸石的等电点 2.4，也就是说壳聚糖的引入致使 X 型沸石的等电点升高。为探讨 As（V）在不同 pH 值环境下的去除原因，研究者结合 As（V）物种的存在形式、去除率变化、反应后溶液 pH 值变化和材料等电点等数据进行分析：

(1) 在体系 pH 值小于 4.6 的条件下，吸附剂壳聚糖改性 X 型沸石表面由于质子化而带正电荷，所以吸附剂可通过静电吸引作用吸附反应体系中的阴离子；

(2) 在体系 pH 值大于 4.6 的条件下，吸附剂壳聚糖改性 X 型沸石表面由于去质子化而带负电荷，所以带负电荷的吸附剂与带负电荷的砷离子互相排斥，致使 As（V）去除率明显下降；

(3) 由表 4-4 反应后溶液 pH 值可知，溶液 pH 值随着反应的发生都出现升高现象，在体系初始 pH 值为 3.06 时，其反应后 pH 值为 4.43，随着初始 pH 值的升高其反应体系的 pH 值会更加高，这就说明反应体系中在初始 pH 值小于 4.6 时会发生材料质子化程度随 pH 值升高而降低的现象，溶液中的含砷阴离子会从 $H_2AsO_4^-$ 向 $HAsO_4^{2-}$ 转变，也就是说在高 pH 值环境下吸附同样的砷需要更多的电荷。

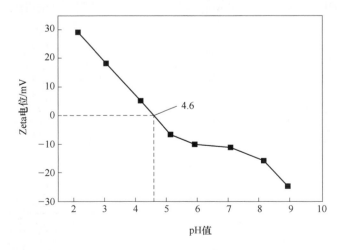

图 4-24 壳聚糖改性 X 型沸石的等电点

表 4-4　反应后的 pH 值

初始 pH 值	2.14	3.06	4.06	4.87	5.95	7.12	8.09	9.08	10.03
反应后 pH 值	2.46	4.43	6.20	6.36	6.51	7.03	7.32	7.38	7.49

综上来看，在所研究条件下，壳聚糖改性 X 型沸石吸附 As（V）的最优 pH 值是 2.14±0.02。

4.4.5　反应温度对壳聚糖改性 X 型沸石去除 As（V）性能的影响

反应温度的大小会对体系中分子的布朗运动产生较大影响，为进一步考察体系温度对壳聚糖改性 X 型沸石除 As（V）性能的影响，本小节选择在室温[（20±2）℃]、（35±2）℃和（50±2）℃条件下进行实验，实验结果如图 4-25 所示。从图 4-25 可以看出，随着体系温度的增加，As（V）去除率和吸附容量都出现直线升高的趋势，当温度从室温环境下升高到 50℃时，壳聚糖改性 X 型沸石对 As（V）的吸附容量从 19.3mg/g 增加到 22.7mg/g。这表明体系温度升高有利于吸附反应的发生，究其原因是较高体系温度会增加布朗运动，即体系温度的增加会增加体系的混乱度，这会增加吸附剂与吸附质之间的接触机会，从而实现砷在高温环境下的有效去除。

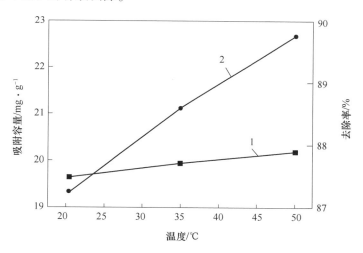

图 4.25　反应温度对壳聚糖改性 X 型沸石除 As（V）效果的影响
1—吸附容量；2—去除率

4.4.6　共存阴离子对壳聚糖改性 X 型沸石去除 As（V）性能的影响

从 4.4.4 节 pH 值影响的结果分析可以看出，正负电荷静电吸引作用对

As（V）在壳聚糖改性 X 型沸石表面的吸附反应起到一定作用。但在实际水体中常常含有很多其他阴离子，为考察其他阴离子对 As（V）去除性能的影响，本节选择常见阴离子 NO_3^-、CO_3^{2-}、SO_4^{2-} 和 PO_4^{3-} 进行考察分析[59-60]，分别选择各阴离子初始浓度在 10mg/L、50mg/L、100mg/L 和 200mg/L 的条件下进行研究，结果如图 4-26 所示。

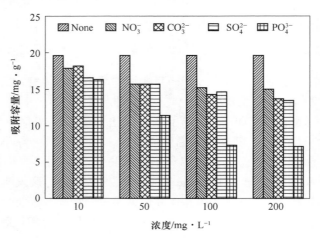

图 4-26　不同浓度阴离子对壳聚糖改性 X 型沸石去除 As（V）效果的影响

从图 4-26 中可以看出，阴离子的存在对 As（V）的去除起到抑制作用，它们对 As（V）的抑制能力依次为 $PO_4^{3-}>SO_4^{2-}\approx CO_3^{2-}>NO_3^-$，且抑制作用随着共存阴离子浓度的增加而增大，这也可证明砷在壳聚糖改性 X 型沸石表面的吸附是通过静电吸引来进行的，共存阴离子与含砷阴离子在竞争同一个吸附位点。但从第 3 章节的结论和前期资料来看，硫酸根与质子化的金属羟基间的相互作用的亲和力小于 As（V）与质子化 Al—OH 间的，所以可推断，除 Al—OH 之外还有其他带正电荷的官能团参与反应。在这 4 个共存阴离子中，当 PO_4^{3-} 浓度从 10mg/L 增加到 200mg/L 时，壳聚糖改性 X 型沸石对 As（V）的吸附容量从 19.31mg/g 降低到 7.09mg/g，吸附容量降低了约 63.3%，这表明 PO_4^{3-} 与 As（V）对于活性位点的竞争要强于其他共存离子，这主要归因于砷与磷之间相似的电负性。这个实验结果与之前报道过的其他吸附剂结果相似，如 Fe_2O_3-TiO_2、氧化铝和 Y-Al 复合双金属氧化物[61-62]。

4.4.7　壳聚糖改性 X 型沸石吸附 As（V）的等温线

通过前述内容了解到，As（V）在 X 型沸石表面的吸附行为与 Freundlich 等温式拟合效果最好，为调查壳聚糖改性对 As（V）在 X 型沸石表面吸附行为的影响，研究中选用 Langmuir 和 Freundlich 等温式的非线性方程［见式(2-6)和式(2-8)］对实验数据进行拟合分析，拟合结果如图 4-27 所示，分析所得数据结果见表 4-5。

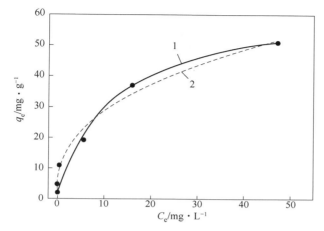

图 4-27　壳聚糖改性 X 型沸石吸附 As（V）的吸附等温线
1—Langmuir；2—Freundlich

表 4-5　As（V）在壳聚糖改性 X 型沸石表面的吸附等温线参数

模型	参　　　数	R^2
Langmuir	q_{max} = 63.23mg/g，K_L = 0.09L/g	0.9999
Freundlich	K_F = 12.03 (mg/g)(mg/L)$^{-1/n}$，$1/n$ = 0.38	0.9765

从图 4-27 可以明确看出，Langmuir 拟合曲线与实验数据的离散程度小于 Freundlich 曲线的。图 4-27 中结果与表 4-5 所示结果相一致，Freundlich 曲线拟合所得回归系数 R^2（R^2 = 0.9765）小于 Langmuir 曲线的，Langmuir 曲线的回归系数几乎接近于 1.0（R^2 = 0.9999）。故可认为 As（V）在壳聚糖改性 X 型沸石表面的吸附行为属于 Langmuir 等温式，As（V）以单层吸附的形式吸附在改性后吸附剂表面，同时说明壳聚糖改性可以改变 As（V）在 X 型沸石表面的吸附方式，即从多层吸附转变为单层吸附。经 Langmuir 等温式计算，壳聚糖改性 X 型沸石对 As（V）的最大吸附容量是 63.23mg/g，是 X 型沸石的 2.24 倍，它不仅大于前期合成的 X 型沸石，还大于现有其他一些吸附剂，如铁-壳聚糖复合物[63]、壳聚糖-黏土-磁铁矿复合物[64]等。

4.4.8　壳聚糖改性 X 型沸石吸附 As（V）的动力学

吸附动力学的研究可有效分析吸附过程中吸附速率的控制步骤，通过前述对

X型沸石吸附砷的吸附动力学分析可知，表面反应是吸附速率的控制步骤，而壳聚糖在X型沸石表面的负载会影响材料表面物理化学性质，所以对壳聚糖改性X型沸石吸附As（V）的动力学进行研究是势在必行的。

图4-28是不同初始浓度5mg/L、10mg/L、22.83mg/L、45mg/L和90mg/L条件下，所得实验数据经准一级动力学和准二级动力学线性形式方程［见式(2-14)和式(2-16)］拟合与分析所得的结果。从图4-28可以看出，各初始浓度下所得实验数据都与准二级动力学线性方程拟合最好，所得拟合直线与实验数据的离散程度最小。同时，从准一级动力学和准二级动力学线性方程的计算参数可以看出，

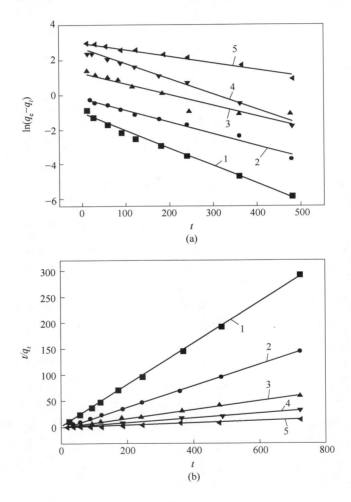

图4-28　壳聚糖改性X型沸石去除As（V）的准一级动力学和准二级动力学拟合图
（a）准一级动力学；（b）准二级动力学
1—5mg/L；2—10mg/L；3—22.83mg/L；4—45mg/L；5—90mg/L

所研究初始浓度下，准二级动力学的线性回归系数均大于准一级动力学的，且准二级动力学的线性回归系数都大于 0.99（见表 4-6）。此外，准二级动力学方程计算得到的理论吸附容量值与实验所得吸附容量更为接近。综上，可认为 As（V）在壳聚糖改性 X 型沸石表面的吸附过程符合准二级动力学，即表面反应是其速率控制步骤。此外，各不同初始浓度下所得准二级动力学的吸附速率值随着初始浓度的增加而降低，这说明吸附所需平衡时间随着初始浓度的提高而增加，这与初始浓度和接触时间对 As（V）去除率的影响结果相一致。从初始浓度 22.8mg/L 的准二级动力学吸附速率常数可以看出，壳聚糖改性 X 型沸石吸附 As（V）的准二级动力学吸附速率常数小于 X 型沸石本身的，即聚糖改性 X 型沸石吸附 As（V）所需达到平衡的时间要多于 X 型沸石的。

表 4-6　壳聚糖改性 X 型沸石吸附砷的动力学相关参数

C_0 /mg·L^{-1}	$q_{e,exp}$ /mg·g^{-1}	准一级动力学方程			准二级动力学方程		
		k_1	$q_{e,cal}$/mg·g^{-1}	R^2	k_2	$q_{e,cal}$/mg·g^{-1}	R^2
5	2.47	0.0104	0.36	0.9831	0.0891	2.49	0.9999
10	4.93	0.0070	0.82	0.9736	0.0259	4.97	0.9998
22.83	11.25	0.0062	3.67	0.8778	0.0046	11.48	0.9993
45	20.37	0.00888	14.46	0.9784	0.0011	21.57	0.9965
90	37.08	0.0039	20.02	0.9461	0.0001	38.26	0.9943

4.4.9　壳聚糖改性 X 型沸石吸附 As（V）的热力学

吸附热力学的研究有利于进一步研究不同温度下 As（V）在壳聚糖改性 X 型沸石表面的吸附行为，分析中通过吉布斯自由能 $\Delta G^{\ominus}$、焓变 $\Delta H^{\ominus}$ 和熵变 $\Delta S^{\ominus}$ 对在温度 20℃、35℃和 50℃下所得数据进行分析。分析过程中，原始实验数据经式（2-21）的 $\ln K_\alpha = \Delta S^{\ominus}/R - \Delta H^{\ominus}/(R \cdot T)$ 计算，所得结果如图 4-29 所示。根据图 4-29 中直线的斜率和截距，以及 2.9.3 节中的式子计算，所得热力学参数列入表 4-7。

很明显，在所研究温度 293K、308K 和 323K 下所得吉布斯自由能都小于零，分别是 -2.94kJ/mol、-3.47kJ/mol 和 -3.89kJ/mol，即说明 As（V）在壳聚糖改性 X 型沸石表面的吸附反应是自发进行的；吸附过程中焓变 $\Delta H^{\ominus}$ 大于零，这表明 As（V）在壳聚糖改性 X 型沸石表面的吸附反应是吸热的；吸附熵变 $\Delta S^{\ominus}$ 为正值，说明 As（V）吸附过程中体系的混乱度增加，这有利于吸附反应的进行[65]。

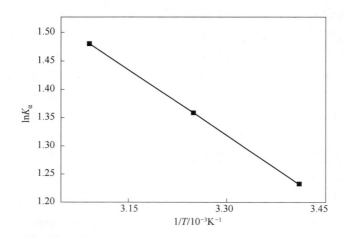

图 4-29 壳聚糖改性 X 型沸石吸附 As（V）的 $\ln K_\alpha$ 与 $1/T$ 关系图

表 4-7 壳聚糖改性 X 型沸石吸附 As（V）的热力学参数

T/K	$\Delta G^\ominus/kJ \cdot mol^{-1}$	$\Delta H^\ominus/kJ \cdot mol^{-1}$	$\Delta S^\ominus/J \cdot (mol \cdot K)^{-1}$
293	-2.94		
308	-3.47	6.48	32.33
323	-3.89		

4.4.10 壳聚糖改性 X 型沸石吸附 As（V）的机理

从前述研究结果中可知，As（V）在壳聚糖改性 X 型沸石表面的吸附是自发的以单分子层形式来进行的，吸附过程中表面反应是其吸附速率控制步骤。根据 pH 值影响、材料等电点和共存离子影响的结果，发现静电吸引在 As（V）吸附过程中发挥一定吸附作用。为进一步考察吸附过程中吸附剂官能团与砷离子的作用机理，考察中选用 XPS 来进行表征分析。XPS 可有效探测材料表面元素的化学信息和电子环境[66-67]。

图 4-30（a）是壳聚糖改性 X 型沸石吸附 As（V）前后所得样品的 XPS 全谱图。通过比较可从图 4-30 中发现，吸附后的饱和吸附剂在结合能约 45.2eV 处出现了新的特征峰，这是属于 As 3d 的特征峰，这表明 As（V）成功地吸附在壳聚糖改性 X 型沸石表面[68]。为阐述砷在吸附剂表面的吸附机理，C 1s、N 1s 和 O 1s 的高分辨率 XPS 分别列入图 4-30（b）、图 4-30（c）和图 4-30（d）中。从图 4-30（b）中吸附砷前后吸附剂的 C 1s 可以看出：壳聚糖改性 X 型沸石的 C 1s 主要由三个在 284.8eV、286.7eV 和 288.4eV 结合能处的峰组成，它们分别对应于 C

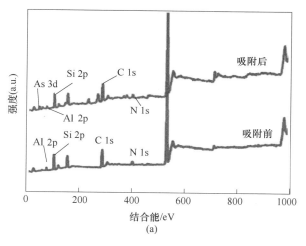

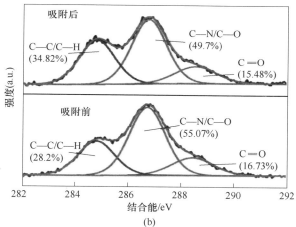

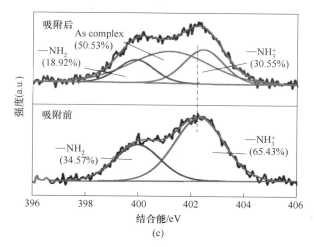

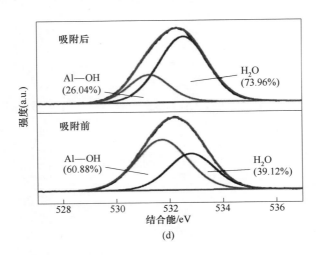

图 4-30　壳聚糖改性 X 型沸石吸附 As（Ⅴ）前后所得样品的 XPS 图
(a) 全谱图；(b) C 1s；(c) N 1s；(d) O 1s

原子在 C—C/C—H、C—N/C—O 和 C═O 这三个键中的电子环境，这可充分说明壳聚糖被成功负载在 X 型沸石表面[69]；吸附 As（Ⅴ）后，前述三个峰所在结合能的位置没有变化，这说明砷在壳聚糖改性 X 型沸石表面的吸附反应中 C 原子没有发生作用，即 C 原子不是吸附位点。从图 4-30（c）中吸附砷前后吸附剂的 N 1s 可以看出：吸附前样品的 N 1s 光谱由在 399.0eV 和 402.2eV 结合能处的两个峰组成，据资料显示这两个峰分别属于—NH_2 和—NH_3^+[70-71]；吸附 As（Ⅴ）后，在结合能 402.2eV 处的峰转移到 402.5eV，并在 401.2eV 处出现了一个属于砷化合物的新峰，可能是砷与氨基之间形成的新络合或螯合物[72]，同时—NH_2 的峰含量在吸附砷后从原来的 34.57% 减少到 18.92%，结合吸附后体系 pH 值升高到 2.46 可知其主要原因是酸性环境下—NH_2 官能团被质子化；吸附后—NH_3^+ 官能团的含量从原来 65.43% 降低到 30.55%，这说明质子化氨基参与了砷的吸附反应，其反应方式主要为阴阳离子静电吸引，具体见式（4-4）和式（4-5）。从图 4-30（d）中吸附砷前后吸附剂的 O 1s 可以看出：吸附前壳聚糖改性 X 型沸石吸附剂的 O 1s XPS 光谱可分为两个峰，它们分别在结合能 531.7eV 和 532.8eV 处，资料显示它们分别属于 O 原子在 Al—OH 和物理吸附水中的电子环境[73]；吸附 As（Ⅴ）后，样品在 531.7eV 处的峰转移到 531.2eV，Al—OH 的含量从吸附前的 60.88% 降低到 26.04%，鉴于此，可认为 Al—OH 官能团在 As（Ⅴ）吸附过程中起到作用，是吸附活性位点。

$$R—NH_2 + H_2O \longrightarrow R—NH_3^+ + OH^- \qquad (4-4)$$

$$R—NH_3^+ + H_2AsO_4^- \longrightarrow R—NH_3—H_2AsO_4 \qquad (4-5)$$

式中，R 为壳聚糖改性 X 型沸石中除—NH_2 外的剩余官能团。

综上可以看出，壳聚糖改性 X 型沸石在酸性环境下吸附 As（V）的机理可总结为图 4-31。除吸附机理之外，图 4-31 还就壳聚糖在 X 型沸石表面的嫁接也进行了进一步的描述。详细来看：

（1）壳聚糖中的 C—OH 官能团通过与 X 型沸石中 Si—OH 官能团之间的矿化作用并脱水来形成相互交联的网络，以此实现壳聚糖的稳定化；

（2）壳聚糖的—NH_2 官能团和 X 型沸石中的 Al—OH 官能团都在可酸性环境下（体系 pH 值小于吸附剂等电点时）质子化，并使得吸附表面带有正电荷；

（3）在所研究酸性环境下，As（V）主要以 $H_2AsO_4^-$ 的形式存在于水体中，所以可与吸附剂表面带正电的活性位点通过静电吸引进行吸附。

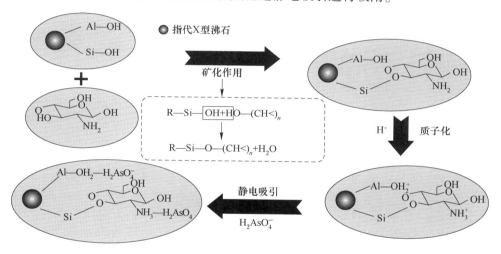

图 4-31　壳聚糖改性 X 型沸石在酸性环境下吸附 As（V）的机理

参 考 文 献

[1] 冯文丽，吕学斌，熊健，等. 粉煤灰高附加值利用研究进展 [J]. 无机盐工业，2021，53（4）：25-31.

[2] AHMARUZZAMAN M. A review on the utilization of fly ash [J]. Progress in Energy and Combustion Science, 2010, 36: 327-363.

[3] 陈自祥，李振宇. 淮南电厂粉煤灰的物质组成特征及其评价 [J]. 安徽电气工程职业技术学院学报，2014，19：82-85.

[4] XU Y H, NAKAJIMA T, OHKI A. Adsorption and removal of arsenic (V) from drinking water by aluminum-loaded shirasu-zeolite [J]. Journal of Hazardous Materials, 2002, 92: 275-287.

[5] ONYANGO M S, KUCHAR D, KUBOTA M, et al. Adsorptive removal of phosphate ions from

aqueous solution using synthetic zeolite [J]. Industrial & Engineering Chemistry Research, 2007, 46: 894-900.

[6] WANG S, ZHU Z H. Characterisation and environmental application of an australian natural zeolite for basic dye removal from aqueous solution [J]. Journal of Hazardous Materials, 2006, 136 (3): 946-952.

[7] ALPAT S K, ZBAYRAK Z, ALPAT E, et al. The adsorption kinetics and removal of cationic dye, toluidine blue o, from aqueous solution with turkish zeolite [J]. Journal of Hazardous Materials, 2008, 151 (1): 213-220.

[8] 刘义, 张淑琴, 任大军, 等. 不同官能团改性壳聚糖吸附重金属的研究进展 [J]. 化学试剂, 2022, 4: 495-503.

[9] CHEUNG W H, SZETO Y S, MCKAY G. Intraparticle diffusion processes during acid dye adsorption onto chitosan [J]. Bioresource Technology, 2007, 98 (15): 2897-2904.

[10] HUANG H, HU N, ZENG Y H. Electrochemistry and electrocatalysis with heme proteins in chitosan biopolymer films [J]. Analytical Biochemistry, 2002, 308 (1): 141-151.

[11] LIU X Q, ZHAO X X, LIU Y, et al. Review on preparation and adsorption properties of chitosan and chitosan composites [J]. Polymer Bulletin, 2022, 79 (4): 2633-2665.

[12] NGAH W, TEONG L C, HANAFIAH M. Adsorption of dyes and heavy metal ions by chitosan composites: A review [J]. Carbohydrate Polymers, 2011, 83 (4): 1446-1456.

[13] PENICHE-COVAS C, ALVAREZ L W, ARGVELLES-MONAL W. The adsorption of mercuric ions by chitosan [J]. Journal of Applied Polymer Science, 2010, 46 (7): 1147-1150.

[14] MANZ O E. Coal fly ash: A retrospective and future look [J]. Fuel, 1999, 78 (2): 133-136.

[15] HOLLMAN G G, STEENBRUGGEN G, JANSSEN-JURKOVICOVA M. A two-step process for the synthesis of zeolites from coal fly ash [J]. Fuel, 1999, 78: 1225-1230.

[16] BAN T, NAGATSU Y, TOKUYAMA H. Propagation properties of the precipitation band in an $AlCl_3$/NaOH system [J]. Langmuir, 2016, 32 (2): 604-610.

[17] MURAYAMA N, YAMAMOTO H, SHIBATA J. Mechanism of zeolite synthesis from coal fly ash by alkali hydrothermal reaction [J]. International Journal of Mineral Processing, 2002, 64: 1-17.

[18] TANAKA H, SAKAI Y, HINO R. Formation of Na-A and -X zeolites from waste solutions in conversion of coal fly ash to zeolites [J]. Materials Research Bulletin, 2002, 37: 1873-1884.

[19] MOLINA A, POOLE C. A comparative study using two methods to produce zeolites from fly ash [J]. Minerals Engineering, 2004, 17: 167-173.

[20] 厉学武. ZSM-5、ZSM-35 和 ZSM-39 沸石多孔材料的合成与表征 [D]. 太原: 太原理工大学, 2005.

[21] 胡海强, 柯明, 张卡, 等. 镁碱沸石结晶度及晶体形貌的影响因素 [J]. 硅酸盐通报, 2017, 36 (4): 1180-1186.

[22] 李文兵, 潘惠芳, 黄文来, 等. 水热法合成 β 沸石结晶度的研究 [J]. 现代化工, 2002, 22 (8): 30-32.

[23] 罗永明, 韩彩芸, 何德东. 铝系无机材料在含砷废水净化中的关键技术 [M]. 北京: 冶金工业出版社, 2019.

[24] 刘德坤, 刘航, 杨柳, 等. 镧、铈改性介孔氧化铝对氟离子的吸附 [J]. 材料导报, 2019, 33 (2): 590-594.

[25] HAN C Y, PU H P, LI H Y, et al. The optimization of As (V) removal over mesoporous alumina by using response surface methodology and adsorption mechanism [J]. Journal of Hazardous Materials, 2013, 254: 301-309.

[26] MOHAN D, PITTMAN C U. Arsenic removal from water/wastewater using adsorbents—A critical review [J]. Journal of Hazardous Materials, 2007, 142 (1/2): 1-53.

[27] HAN C Y, LI H Y, PU H P, et al. Synthesis and characterization of mesoporous alumina and their performances for removing arsenic (V) [J]. Chemical Engineering Journal, 2013, 217: 1-9.

[28] SIMSEK E B, OZDEMIR E, BEKER U. Zeolite supported mono- and bimetallic oxides: Promising adsorbents for removal of As (V) in aqueous solutions [J]. Chemical Engineering Journal, 2013, 220: 402-411.

[29] BODDU V M, ABBURI K, TALBOTT J L, et al. Removal of arsenic (Ⅲ) and arsenic (V) from aqueous medium using chitosan-coated biosorbent [J]. Water Research, 2008, 42: 633-642.

[30] HAN C Y, ZHANG L, CHEN H, et al. Reomval As (V) by sulfated mesoporous Fe-Al bimetallic adsorbent: Adsorption performance and uptake mechanism [J]. Journal of Environmental Chemical Engineering, 2016, 4: 711-718.

[31] ZAMBRANO G B, DE ALMEIDA O N, DUARTE D S, et al. Adsorption of arsenic anions in water using modified lignocellulosic adsorbents, Results in Engineering, 2022, 13: 100340.

[32] XU C, FENG Y, LI H, et al. Adsorption of heavy metal ions by iron tailings: Behavior, mechanism, evaluation and new perspectives [J]. Journal of Cleaner Production, 2022, 344: 131065.

[33] CARNEIRO M A, PINTOR A M A, BOAVENTURA R A R, et al. Efficient removal of arsenic from aqueous solution by continuous adsorption onto iron-coated cork granulates [J]. Journal of Hazardous Materials, 2022, 432: 128657.

[34] ZHONG M, CHEN S, WANG T, et al. Co-pyrolysis of polyester and cotton via thermogravimetric analysis and adsorption mechanism of Cr (Ⅵ) removal by carbon in aqueous solution [J]. Journal of Molecular Liquids, 2022, 354: 118902.

[35] CHUANG C L, FAN M, XU M, et al. Adsorption of arsenic (V) by activated carbon prepared from oat hulls [J]. Chemosphere, 2005, 61: 478-483.

[36] NIAZI N K, BIBI I, SHAHID M, et al. Arsenic removal by perilla leaf biochar in aqueous solutions and groundwater: An integrated spectroscopic and microscopic examination [J]. Environmental Pollution, 2018, 232: 31-41.

[37] RAMIREZ-MUNIZ K, PEREZ-RODRIGUEZ F, Rangel-Mendez R, et al. Adsorption of arsenic onto an environmental friendly goethite-polyacrylamide composite [J]. Journal of Molecular Liquids, 2018, 264: 253-260.

[38] NGUYEN T T Q, LOGANATHAN P, NGUYEN T V, et al. Iron and zirconium modified luffa

fibre as an effective bioadsorbent to remove arsenic from drinking water [J]. Chemosphere, 2020, 258: 127370.

[39] 单鑫. 稀土改性氧化铝颗粒对饮用水中砷的吸附研究 [D]. 昆明: 昆明理工大学, 2016.

[40] PILLEWAN P, MUKHERJEE S, MEHER A K, et al. Removal of arsenic (Ⅲ) and arsenic (Ⅴ) using copper exchange zeolite-A [J]. Environmental Progress & Sustainable Energy, 2015, 33: 1274-1282.

[41] SWAIN S K, PATNAIK T, SINGH V K, et al. Kinetics, equilibrium and thermodynamic aspects of removal of fluoride fromdrinking water using meso-structured zirconium phosphate [J]. Chemical Engineering Journal, 2011, 171 (3): 1218-1226.

[42] VASILIU S, BUNIA I, RACOVITA S, et al. Adsorption of cefotaxime sodium salt on polymer coated ion exchange resin microparticles: Kinetics, equilibrium and thermodynamic studies [J]. Carbohydrate Polymers, 2011, 85 (2): 376-387.

[43] TRIPATHY S S, RAICHUR A M. Enhanced adsorption capacity of activated alumina by impregnation with alum for removal of As (Ⅴ) from water [J]. Chemical Engineering Journal, 2008, 138: 179-186.

[44] FAGHIHIAN H, NOURMORADI H, SHOKOUHI M. Performance of silica aerogels modified with amino functional groups in PB (Ⅱ) and CD (Ⅱ) removal from aqueous solutions [J]. Polish Journal of Chemical Technology, 2012, 14: 50-56.

[45] LIU C, LIU Y C, MA Q X, et al. Mesoporous transition alumina with uniform pore structure synthesized by alumisol spray pyrolysis [J]. Chemical Engineering Journal, 2010, 163: 133-142.

[46] BABAJIDE O, MUSYOKA N, PETRIK L, et al. Novel zeolite Na-X synthesized from fly ash as a heterogeneous catalyst in biodiesel production [J]. Catalysis Today, 2012, 190: 54-60.

[47] REYNOLDS J G, CORONADO P R, HRUBESH L W. Hydrophobic aerogels for oil-spill clean up-synthesis and characterization [J]. Journal of Non-Crystalline Solids, 2001, 292: 127-137.

[48] ANAPPARA A A, RAJESHKUMAR S, MUKUNDAN P, et al. Impedance spectroscopic studies of sol-gel derived subcritically dried silica aerogels [J]. Acta Materiala, 2004, 52: 369-375.

[49] PILLEWAN P, MUKHERJEE S, ROYCHOWDHURY T, et al. Removal of As (Ⅲ) and As (Ⅴ) from water by copper oxide incorporated mesoporous alumina [J]. Journal of Hazardous Materials, 2011, 186 (1): 367-375.

[50] ZHANG G, REN Z, ZHANG X, et al. Nanostructured iron (Ⅲ) -copper (Ⅱ) binary oxide: A novel adsorbent for enhanced arsenic removal from aqueous solutions [J]. Water Research, 2013, 47 (12): 4022-4031.

[51] 邹照华. 新型 Al-Si 介孔材料对砷的吸附研究 [D]. 昆明: 昆明理工大学, 2010.

[52] CALVO B, CANOIRA L, MORANTE F, et al. Continuous elimination of Pb^{2+}, Cu^{2+}, Zn^{2+}, H^+, and NH_4^+, from acidic waters by ionic exchange on natural zeolites [J]. Journal of Hazardous Materials, 2009, 166: 619-627.

[53] SHCHIPUNOV Y A. Sol-gel-derived biomaterials of silica and carrageenans [J]. Journal of Colloid And Interface Science, 2003, 268: 68-76.

[54] GOTIC M, MUSIC S, MOSSBAUER. FT-IR and FE SEM investigation of iron oxides precipitated from FeSO$_4$ solutions [J]. Journal of Molecular Structure, 2007, (834/836): 445-453.

[55] SUN Y, YUE Q, MAO Y, et al. Enhanced adsorption of chromium onto activated carbon by microwave-assisted H$_3$PO$_4$ mixed with Fe/Al/Mn activation [J]. Journal of Hazardous Materials, 2014, 265: 191-200.

[56] BELBACHIR I, MAKHOUKHI B. Adsorption of Bezathren dyes onto sodic bentonite from aqueous solutions [J]. Journal of the Taiwan Institute of Chemical Engineers, 2017, 75: 105-111.

[57] DING Z C, FU F L, CHENG Z H, et al. Novel mesoporous Fe-Al bimetal oxides for As (Ⅲ) removal: Performance and mechanism [J]. Chemosphere, 2017, 169: 297-307.

[58] WEN Y, TANG Z R, CHEN Y, et al., Adsorption of Cr (Ⅵ) from aqueous solutions using chitosan-coated fly ash composite as biosorbent [J]. Chemical Engineering Journal, 2011, 175: 110-116.

[59] YU L, PENG X, NI F, et al. Arsenite removal from aqueous solutions by γ-Fe$_2$O$_3$-TiO$_2$ magnetic nanoparticles through simultaneous photocatalytic oxidation and adsorption [J]. Journal of Hazardous Materials, 2013, 246-247: 10-17.

[60] YU X, TONG S, GE M, et al. Synthesis and characterization of multi-amino-functionalized cellulose for arsenic adsorption [J]. Carbohydrate Polymers, 2013, 92: 380-387.

[61] SU H H, LV X, ZHANG Z Y, et al. Arsenic removal from water by photocatalytic functional Fe$_2$O$_3$-TiO$_2$ porous ceramic [J]. Journal of Porous Materials, 2017, 24: 1227-1235.

[62] HAN C Y, LIU H, CHEN H R, et al. Adsorption performance and mechanism of As (Ⅴ) uptake over mesoporous Y-Al binary oxide [J]. Journal of the Taiwan Institute of Chemical Engineers, 2016, 65: 204-211.

[63] GUPTA A, CHAUHAN V S, SANKARARAMAKRISHNAN N. Preparation and evaluation of iron-chitosan composites for removal of As (Ⅲ) and As (Ⅴ) from arsenic contaminated real life groundwater [J]. Water Research, 2009, 43: 3862-3870.

[64] CHO D W, JEON B H, CHON C M, et al. A novel chitosan/clay/magnetite composite for adsorption of Cu (Ⅱ) and As (Ⅴ) [J]. Chemical Engineering Journal, 2012, 200-202: 654-662.

[65] MOHAMED A, OSMAN T A, TOPRAK M S, et al. Surface functionalized composite nanofibers for efficient removal of arsenic from aqueous solutions [J]. Chemosphere, 2017, 180: 108-116.

[66] KOCABAS-ATAKL Z, YVRVM Y. Synthesis and characterization of anatase nanoadsorbent and application in removal of lead, copper and arsenic from water [J]. Chemical Engineering Journal, 2013, 225: 625-635.

[67] SNIGURENKO D, JAKIELA R, GUZIEWICZ E, et al. XPS study of arsenic doped ZnO grown by Atomic Layer Deposition [J]. Journal of Alloys and Compounds, 2014, 582: 594-597.

[68] HE X, DENG F, SHEN T, et al. Exceptional adsorption of arsenic by zirconium metalorganic

frameworks: engineering exploration and mechanism insight [J]. Journal of Colloid and Interface Science, 2019, 539: 223-234.

[69] LIU H J, YANG F, ZHENG Y M, et al. Improvement of metal adsorption onto chitosan/Sargassum sp. composite sorbent by an innovative ion-imprint technology [J]. Water Research, 2011, 45: 145-154.

[70] YU Z, ZHANG X, HUANG Y. Magnetic chitosan-iron (Ⅲ) hydrogel as a fast and reusable adsorbent for chromium (Ⅵ) removal [J]. Industrial & Engineering Chemistry Research, 2013, 52 (34): 11956-11966.

[71] HE D D, ZHANG L M, ZHAO Y T, et al. Recycling spent Cr adsorbents as catalyst for eliminating methylmercaptan [J]. Environmental Science & Technology, 2018, 52: 3669-3675.

[72] ZHU C Q, LIU F Q, ZHANG Y H, et al. Nitrogen-doped chitosan-Fe (Ⅲ) composite as a dual-functional material for synergistically enhanced co-removal of Cu (Ⅱ) and Cr (Ⅵ) based on adsorption and redox [J]. Chemical Engineering Journal, 2016, 306: 579-587.

[73] KANG D J, YU X L, GE M F, et al. Insights into adsorption mechanism for fluoride on cactus-like amorphous alumina oxide microspheres [J]. Chemical Engineering Journal, 2018, 345: 252-259.

5 微孔 ZSM-5 扩孔及硫酸高铈改性对 ZSM-5 结构和除砷性能的影响

5.1 概　述

沸石分子筛 ZSM-5 是属于 pentasil 族的高硅五元型沸石，其最基本的结构单元有 SiO_4 和 AlO_4 四面体[1]。作为一种合成沸石，它是在 1972 年由美国 Mobile 公司开发的，因具有良好的稳定性、高选择性和良好耐酸性等特点而被用作载体，在各领域得到广泛应用，如分子催化、吸附分离等领域[2-3]。在类金属砷的分离过程中，因为沸石 ZSM-5 是高硅材料，其亲砷性组分铝的含量较少，所以 ZSM-5 对砷表现出较低的去除性能，几乎可以忽略不计，具体如图 5-1 所示，实验条件为：初始 As（Ⅴ）浓度为 10.25mg/L，溶液 pH=9.0±0.1，ZSM-5 投加量为 1g/L，温度为室温。

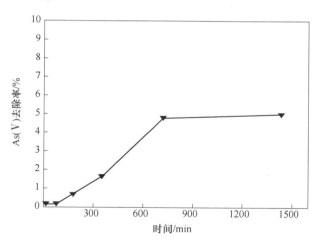

图 5-1　ZSM-5 对 As（Ⅴ）的去除

目前，在提高材料砷吸附性能方面，研究者多通过改性来引入新的亲砷性活性位点，如在氧化铝表面负载铝[4]、在氧化铁表面负载氧化铈[5]、在二氧化锆表面负载铁[6]等。这些复合材料与原材料相比，由于吸附活性位点的协同作用，其对砷的吸附能力较原材料有一个很大的提高。所以，本章也是通过改性 ZSM-5 来提高其对砷的吸附容量。可传统 ZSM-5 沸石是微孔材料，其孔道结构如图 5-2 所示，即传统 ZSM-5 的孔道小于 1nm。但较小的孔径不利于其他物质分子的扩散、运输和改性材料的负载，为此对 ZSM-5 进行结构改性和优化就显得尤为重要。

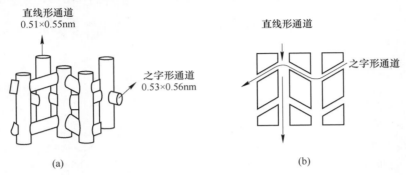

图 5-2 ZSM-5 的三维孔道结构外观和三维孔道内部几何构型[7]
(a) 三维孔道结构外观；(b) 三维孔道内部

随着介孔材料的发展，研究者发现介孔孔道更有利于新分子材料的扩散和运输[8-9]。在重金属去除中，有研究者发现：(1) 发达、有序的孔隙结构和较大的比表面积有利于吸附质扩散、运输和吸附[10-11]；(2) 介孔结构能够增加材料本身的电量，从而有利于静电吸引的发生，提高材料吸附性能[12]。所以，对微孔沸石进行扩孔在其含砷废水的处理中显得尤为重要。现有传统沸石扩孔方法是 NaOH 处理法[13]，但大量碱液的使用降低了沸石的回收率和结晶度，且产生二次污染。所以，Galarneau 课题组[14]在 2002 年以纯硅组分的硅胶为研究对象，从矿物学中将假晶转变概念引入材料合成领域，使硅胶的无序结构转变为有序结构。之后，Einicke 课题组[15]和 Manko 课题组[16]分别用圆柱体脱铝合成沸石和 Y 型沸石为原料，在有少量铝存在的条件下实现假晶转变，所得产物与原料相比较样品的介孔数量大幅增加，它们合成过程中都避免了大量碱液的使用，不产生或产生少量的二次污染物。故本章选用假晶转变的方法来实现微孔沸石的扩孔，并就扩孔条件中各因素（pH 值、反应温度和时间）对沸石扩孔结果进行研究。

为提高其对砷的吸附容量，本章通过嫁接引入新物种来改性材料 ZSM-5 的表面性质，并得以提高其表面吸附位点数量。在现有研究中可以发现，As(V) 在水体中多以阴离子形式存在，而金属-羟基官能团会因为质子化而带正电荷，如前述章节中的 X 型沸石 Al—OH 官能团质子化。壳聚糖改性 X 型沸石的—NH$_2$ 和 Al—OH 官能团在酸性水体中易质子化带正电荷，所以阴离子砷通过静电吸引从水体中分离出来[17-18]。综上来看，材料表面与砷有亲和性的阳离子数量可有效影响材料对砷的去除能力。

稀土铈富含羟基官能团，且对砷有较高的亲和性，但纯的稀土铈氧化物或氢氧化物成本较高，不利于广泛应用于环保领域。所以，本章通过浸渍法将铈嫁接在扩孔后 ZSM-5 表面来对其进行改性和修饰，并对所得复合材料进行砷吸附性能考察[19-21]。研究中就铈源、铈添加量、初始浓度、体系 pH 值、吸附剂量和温度等因素对吸附性能的影响进行研究，并用吸附等温方程对吸附平衡实验数据进行拟合分析，用吸附动力学方程对不同时间的吸附实验数据进行分析，用 FT-IR 和 XPS 对 As（V）在吸附剂表面的吸附机理进行揭示。

5.2 粉煤灰合成 ZSM-5

粉煤灰合成 ZSM-5 微孔沸石的研究已有很多，其中水热法、一步法、两步法和碱熔融法都被用来从粉煤灰中合成 ZSM-5[22]。由于目前关于粉煤灰合成 ZSM-5 的研究已有很多，此处不再就其进行展开研究。本书关于粉煤灰合成 ZSM-5 沸石分子筛的实验步骤，研究者根据亢玉红等人[23]的报道，通过添加硅源来调控体系中硅铝摩尔比、晶化条件和碱熔条件等来得到微孔 ZSM-5 分子筛。从图 5-3 可以看出，样品的 XRD 图谱曲线在 2θ 为 7.9°、8.9°、23.1°和 23.9°处出现了明显的衍射峰，这与其他文献报道的 ZSM-5 斜方晶结构的出峰位置相一致[24]。

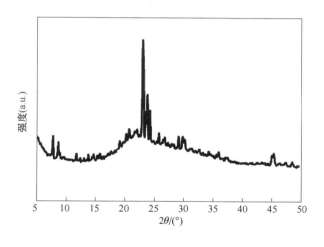

图 5-3 所得样品的 XRD

5.3 微孔 ZSM-5 的扩孔

5.3.1 pH 值对孔结构的影响

微孔向介孔转变过程中的水热反应体系 pH 值可有效控制微孔 ZSM-5 的硅、

铝溶解及其在模板剂胶束上的重新沉淀与排列。图5-4是在pH值为9.5~11.0条件下所得样品的N_2吸脱附等温线和孔径分布图。

从图5-4(a)可以看出：样品ZSM-5的等温线在低相对压力下出现了较大的N_2吸附量，但在相对压力增加后，N_2吸脱附等温线没有出现第二次突跃和滞后环，即样品ZSM-5孔道是微孔结构；在pH值为9.5的扩孔体系中，N_2吸附量较微孔ZSM-5大幅度降低，其等温线中第二次突跃也不是很明显；从pH值为10.0、10.5和11.0这三个扩孔体系中所得样品来看，三个样品材料的等温线均为典型的Ⅳ型等温线，表明这三个样品的孔道中均有介孔孔道生成，即三个样品

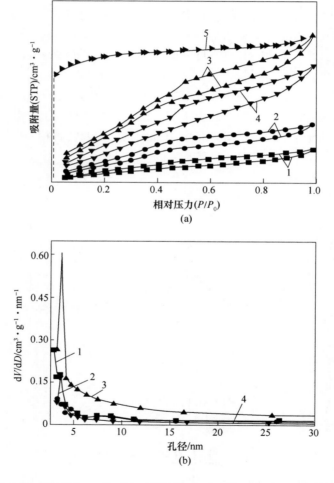

图5-4 微孔ZSM-5在不同pH值环境下所得样品的N_2吸脱附等温线和BJH孔径分布图
(a) N_2吸脱附等温线；(b) BJH孔径分布图
1—9.5；2—10.0；3—10.5；4—11.0；5—ZSM-5

实现了微孔材料的扩孔,ZSM-5 的微孔孔道成功转变为介孔孔道[25]。从孔径分布图[见图 5-4(b)]中可以看出,相比其他三个样品,pH=10.5 时所得样品的 BJH 孔径分布曲线较其他样品的峰更加高、曲线分布更加窄,这说明此样品中所得介孔分布更加均匀,介孔所占的比例更大,经计算其 BJH 孔径为 3.89nm,属于介孔范围内;经计算,pH=10.5 反应体系所得样品经 BET 法计算,其比表面积为 235.93m^2/g。综上,pH=10.5 是微孔 ZSM-5 转变为介孔结构的反应体系中最优操作 pH 值。

5.3.2 水热温度和时间对孔结构的影响

假晶转变体系中温度和时间直接影响硅、铝再次沉淀所得晶核的形成和生长,所以选择在 70℃、90℃和 110℃这三个温度条件下进行水热温度对 ZSM-5 孔结构的影响,在时间考察中选用 12h、24h 和 48h 这三个时间来进行考察。

图 5-5 是微孔 ZSM-5 在不同温度和时间条件下扩孔所得样品的 N$_2$ 吸脱附等温线。从图 5-5(a)可以发现:三个温度作用下所得样品均出现了第二次突跃和清晰的滞后环,即所得三个样品的 N$_2$ 吸脱附等温线均是典型的Ⅳ型等温线,说明三个温度作用下都有介孔生成;经 BET 计算发现材料比表面积随着水热温度的升高而增加,70℃、90℃和 110℃三个温度下所得样品的 BET 比表面积分别为 79.15m^2/g、133.41m^2/g 和 179.33m^2/g,这主要是因为水热温度的升高会引发微

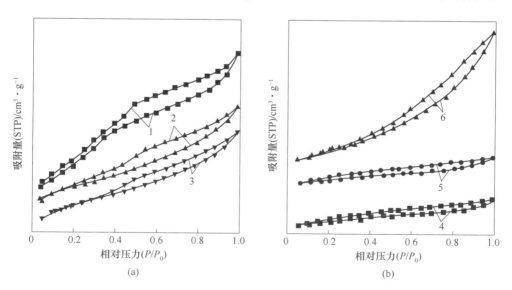

图 5-5 不同水热温度和时间下所得样品的 N$_2$ 吸脱附等温线
(a) 不同水热温度;(b) 不同时间
1—110℃;2—90℃;3—70℃;4—12h;5—24h;6—48h

孔 ZSM-5 中硅在整个体系中的溶解速率的改变。也说明在所研究实验条件下，110℃为最优水热温度。

从图 5-5 (b) 不同反应时间下所得样品的 N_2 吸脱附等温线可以看出：在水热时间为 12h 和 24h 时所得样品等温线的第二次突跃均不是很明显，当水热时间增加至 48h 时样品等温线中出现了明显的第二次突跃，即所得样品结构为典型的 Ⅳ 型等温线，实现了较好的扩孔；经 BET 计算，其在 12h、24h 和 48h 下所得样品的比表面积分别为 73.9 m^2/g、153.78 m^2/g 和 222.14 m^2/g，由于 48h 所得样品的结构性质更优良，本节后期考察中选用 48h 来进行研究。

总的来看，pH 值为 10.5、水热温度 110℃ 和反应时间 24h 所得样品的结构性质为最佳，将此样品标记为 ZSM-5K，并在后期用其做载体来进行除砷实验。

5.3.3 ZSM-5K 的性质表征

前述研究中已用 N_2 吸脱附等温线对微孔 ZSM-5 和 ZSM-5K 两样品进行了表征，并证明了微孔 ZSM-5 确向介孔孔道成功转变。此处，用 XRD 和 TEM 两表征工具对微孔 ZSM-5 和介孔 ZSM-5K 的结构进行表征来进一步说明，其中 TEM 图像可更好地证明材料表面孔道结构特点[26-27]。

图 5-6 是微孔 ZSM-5 和 ZSM-5K 的 XRD 图。很明显，ZSM-5K 的 XRD 图谱曲线仍然在 2θ 角为 7°~9° 和 23°~25° 范围内出现有五指峰，这说明扩孔后所得样品 ZSM-5K 仍然出现了属于 ZSM-5 沸石的 MFI 结构，即假晶转变中水热反应过程没有改变沸石 ZSM-5 本身的晶型[28]。

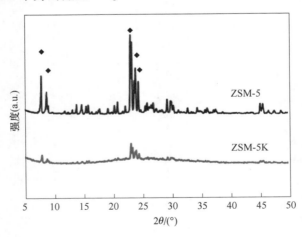

图 5-6 ZSM-5K 和微孔 ZSM-5 的 XRD

图 5-7 是微孔 ZSM-5 和 ZSM-5K 的 TEM 图。由图 5-7 可以看出，ZSM-5 的边缘很光滑，其图片上只有细小的黑白点，没有清晰的孔道呈现；ZSM-5K 样品的

TEM 图片中清晰出现了有序的介孔孔道,这与前面 N_2 吸脱附等温线的结果相一致。再次证明,微孔 ZSM-5 成功实现了向介孔孔道的转变。

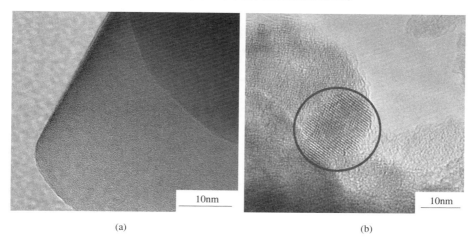

图 5-7 ZSM-5 和 ZSM-5K 的 TEM 图
(a) ZSM-5;(b) ZSM-5K

5.4 硫酸高铈改性对材料结构性质的影响

从前人研究结果可知,高硅沸石 ZSM-5 因表面亲砷性活性位点含量较少,所以对砷表现出较小的吸附能力。为改善其吸附性能,需对其表面进行改性研究,来增加活性位点。此处通过将硫酸高铈嫁接到其表面来实现其砷吸附性能提高的目的,并对其结构性质进行表征和分析。

5.4.1 晶型

图 5-8 是硫酸高铈改性前后 ZSM-5 和 ZSM-5K 的 XRD 图。通过图中 ZSM-5、ZSM-5K、Ce/ZSM-5 和 Ce/ZSM-5K 的 XRD 图可知,上述四个样品在 2θ 为 7°~9°和 23°~25°范围内都出现有属于 MFI 结构的五指峰,即硫酸高铈修饰改性没有改变样品的 ZSM-5 晶型。此外,Ce/ZSM-5 和 Ce/ZSM-5K 的 XRD 曲线在 31.4°、42.05°和 48.79°三个位置处出现了属于 $Ce(SO_4)_2$ 的特征峰(PDF 编号为#01-0208),即说明硫酸高铈成功嫁接在载体微孔 ZSM-5 和介孔 ZSM-5K 表面。

5.4.2 表面结构性质

为探讨嫁接硫酸高铈对材料表面结构性质的影响,本章就样品 ZSM-5、Ce/ZSM-5、ZSM-5K 和 Ce/ZSM-5K 的 N_2 吸脱附等温线进行测定,测定结果如

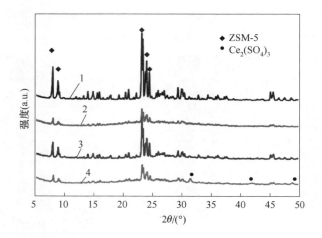

图 5-8　ZSM-5、ZSM-5K、Ce/ZSM-5 和 Ce/ZSM-5K 的 XRD
1—ZSM-5；2—ZSM-5K；3—Ce/ZSM-5；4—Ce/ZSM-5K

图 5-9 所示。根据 IUPAC 划分，ZSM-5 和 Ce/ZSM-5 两样品的曲线形状都属于 I 型等温线，即硫酸高铈的负载并没有改变 ZSM-5 的微孔孔道[29]；Ce/ZSM-5 的 N_2 吸附量在整个相对压力范围内较 ZSM-5 样品的 N_2 吸附量明显减小，这表明 ZSM-5 的比表面积在嫁接硫酸高铈后有明显地降低；ZSM-5K 和 Ce/ZSM-5K 两样品的 N_2 吸脱附等温线呈 IV 型等温线，即两材料孔道为介孔孔道，且 Ce/ZSM-5K 的 N_2 吸附量在整个相对压力范围内都低于 ZSM-5K，即表明 ZSM-5 的微孔孔道确实转变为介孔孔径，且硫酸高铈的负载不改变材料的孔道结构性质，只使材料比表面积降低[30]。

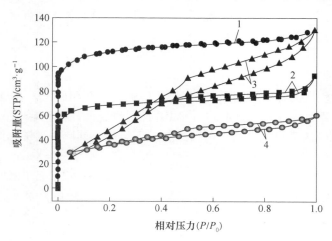

图 5-9　ZSM-5、Ce/ZSM-5、ZSM-5K 和 Ce/ZSM-5K 的 N_2 吸脱附等温线
1—ZSM-5；2—Ce/ZSM-5；3—ZSM-5K；4—Ce/ZSM-5K

5.4.3 TEM

图 5-10 是 ZSM-5、ZSM-5K、Ce/ZSM-5 和 Ce/ZSM-5K 的 TEM 图。通过比较 ZSM-5 和 Ce/ZSM-5 的 TEM 图可发现,嫁接硫酸高铈后 ZSM-5 材料边缘变得粗糙,不再如微孔 ZSM-5 般光滑,这表明硫酸高铈是负载在 ZSM-5 的外表面,并发生聚集,这与先前报道的将 ZrO_2 嫁接在 ZSM-5 上的结果相一致[31]。比较 ZSM-5K 和 Ce/ZSM-5K 的 TEM 图可发现,硫酸高铈以高分散的形式嫁接在载体 ZSM-5K 的外表面和内表面。

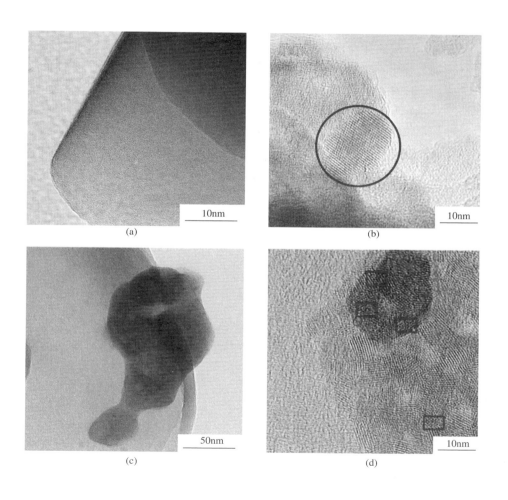

图 5-10 ZSM-5、ZSM-5K、Ce/ZSM-5 和 Ce/ZSM-5K 的 TEM 图
(a) ZSM-5;(b) ZSM-5K;(c) Ce/ZSM-5;(d) Ce/ZSM-5K

5.5 硫酸高铈改性条件对 As（V）去除性能的影响

5.5.1 不同铈源对 As（V）去除性能的影响

在铈源种类对砷去除性能的考察过程中，本节选用硫酸高铈和硝酸铈通过浸渍法来改性 ZSM-5K 样品，并用它们所得复合材料作为砷吸附剂，就其除砷性能来进行考察。

由于溶液 pH 值会对吸附剂性能产生很大影响，所以为全面比较铈源种类对其除砷性能的影响，选择在不同 pH 值为 3、5、7 和 9 条件下进行考察，考察结果如图 5-11 所示。由图 5-11 可知，两个材料对砷的去除性能均随着 pH 值变化而发生变化，硫酸高铈改性后所得吸附剂对砷的去除性能随着 pH 值的升高而提高，但在整个 pH 值考察范围内，硫酸高铈改性所得吸附剂对砷的去除性能（大于 40%）都高于硝酸铈的（小于 10%），究其原因主要是硝酸铈在负载后的煅烧过程中分解为 CeO_2 和氮氧化物，而硫酸高铈中硫酸根在 400℃ 的焙烧温度下并没有分解，而硫酸根的存在有利于砷吸附反应的发生[32]。

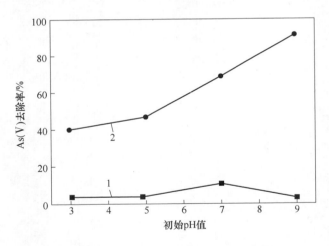

图 5-11　铈源种类对 As（V）去除性能的影响
1—$Ce(NO_3)_3$/ZSM-5K；2—$Ce(SO_4)_2$/ZSM-5K

5.5.2 不同沸石载体对 As（V）去除性能的影响

以前述选定的硫酸高铈为改性剂，通过将其分别嫁接在微孔 ZSM-5、ZSM-5K、丝光沸石和斜发沸石上来研究载体对硫酸高铈复合材料除砷性能的影响。图 5-12 是不同载体条件所得吸附剂对砷的去除性能，图 5-12 中各吸附剂对砷的去除性能大小依次是 Ce(SO$_4$)$_2$/ZSM-5K>Ce(SO$_4$)$_2$/丝光沸石>Ce(SO$_4$)$_2$/斜发沸石>Ce(SO$_4$)$_2$/ZSM-5。此外，吸附剂 Ce(SO$_4$)$_2$/ZSM-5K 的吸附平衡时间也明显少于其他三个吸附剂。因此，可认为 Ce(SO$_4$)$_2$/ZSM-5K 是除砷性能优良的吸附剂，同时就材料 Ce(SO$_4$)$_2$/ZSM-5K 和 Ce(SO$_4$)$_2$/ZSM-5 的除砷性能来看，介孔孔道更有利改性剂在载体表面的运输、扩散和固定，也更有利于更多活性位点发生作用，所以对微孔沸石 ZSM-5 进行扩孔研究是非常有必要的。

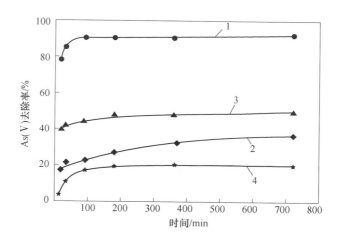

图 5-12　不同载体负载 Ce(SO$_4$)$_2$ 所得吸附剂对 As（Ⅴ）去除的影响
1—Ce(SO$_4$)$_2$/ZSM-5K；2—Ce(SO$_4$)$_2$/斜发沸石；3—Ce(SO$_4$)$_2$/丝光沸石；4—Ce(SO$_4$)$_2$/ZSM-5

5.5.3　不同铈添加量对 As（Ⅴ）去除性能的影响

由 5.5 节结论可知，硫酸高铈的添加确能提高材料对砷的吸附性能，由于活性吸附位点的数量会直接影响其对砷的去除性能，本节通过添加 3%、5% 和 10% 的铈来考察硫酸高铈的添加量对 Ce/ZSM-5K 除砷性能的影响。

图 5-13 是添加不同铈含量下所得复合材料 Ce/ZSM-5K 对 As（Ⅴ）的去除性能，由图可知，当硫酸高铈添加量从 3% 增加到 5% 时，Ce/ZSM-5K 对砷的去除率升高，最大砷去除率从约 87% 升高到 96.8% 左右，其主要是因为活性位点随着硫酸高铈添加量的增加而增多；当硫酸高铈添加量从 5% 增加到 10% 时，As（Ⅴ）去除率从 96.8% 降低到 91.7% 左右，其主要是因为过多的硫酸高铈嫁接会使得活性位点不能均匀地分散在材料表面，有部分添加剂硫酸高铈发生堆积和重叠，并导致吸附位点不能全部发挥其功效，这与前人报道的结论相似[33]。故后面研究中选用 5% 硫酸高铈改性的 Ce/ZSM-5K 作为砷吸附剂进行深入研究。

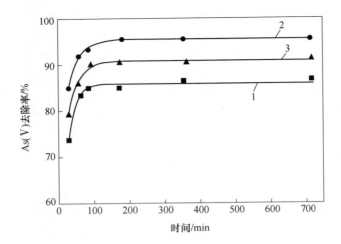

图 5-13 不同 Ce 负载量对 As（Ⅴ）去除性能的影响
1—3%Ce/ZSM-5K；2—5%Ce/ZSM-5K；3—10%Ce/ZSM-5K

5.6 5%Ce/ZSM-5K 的 As（Ⅴ）去除性能

在砷去除实验研究体系中，反应体系的砷初始浓度、pH 值、吸附剂添加量、温度、接触时间和共存阴离子都会对其除砷性能产生影响[34-35]。本节就吸附反应体系中各因素对吸附剂除砷性能的影响进行展开研究。

5.6.1 初始 pH 值对 As（Ⅴ）去除性能的影响

虽然前述在铈源影响的考察中已用不同 pH 值来进行研究，但由于 pH 值不同时 As（Ⅴ）在水体中的存在形式会发生变化，并影响除砷效果[36-37]。此处就 5%负载量的 Ce/ZSM-5K 在不同 pH 值下对砷的去除效果在初始 pH 值为 3.0~10.0 的范围内进行考察研究，结果如图 5-14 所示。

由图 5-14 可知，体系 pH 值对砷去除率起到决定性影响：在初始 pH 值为 3~9 的范围内，砷去除率随着初始 pH 值的升高而升高，去除率从 58.22%增加到 95.8%；在初始 pH 值从 9 增加到 10 时，砷去除率迅速下降，去除率从原来的 95.8%下降到 69.1%。5%Ce/ZSM-5K 为吸附剂从水体中去除砷的最佳反应 pH 值为 9.0，这一最优操作 pH 值大于很多现有常见吸附剂，如氧化铝[38]、活性炭[39]、阴离子交换树脂[40]和氧化铁薄片[41]等。

为分析砷去除率随初始 pH 值变化的原因，对吸附剂等电点和反应后 pH 值进行了测定，结果如图 5-15 所示。由图 5-15（a）可以看出，吸附剂 5%Ce/ZSM-5K 的等电点是 9.2，即在 pH<9.2 时吸附表面带正电荷，在 pH>9.2 时吸附表面带

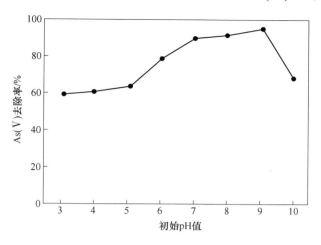

图 5-14 初始 pH 值对 5%Ce/ZSM-5K 去除 As（V）性能的影响

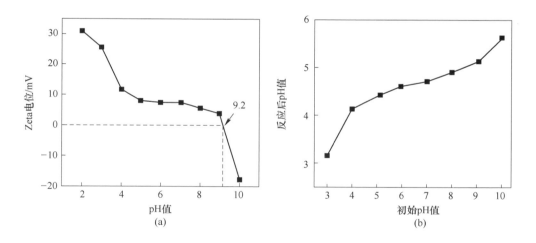

图 5-15 5%Ce/ZSM-5K 的等电点和除砷反应后的 pH 值
(a) 5%Ce/ZSM-5K 的等电点；(b) 除砷反应后的 pH 值

负电荷。图 5-15（b）是吸附反应后体系的 pH 值：当初始 pH 值为 3.0 和 4.0 时，反应后 pH 值较反应前稍有增加，但增加幅度不大（约增加 0.1），其主要是因为材料表面带正电荷，它通过静电吸引吸附水体中的 $H_2AsO_4^-$；在初始 pH 值大于 4.5 时，吸附反应后 pH 值都较初始 pH 值降低，但砷去除率呈现增加趋势，这说明在此 pH 值条件下静电吸引不是唯一的吸附作用方式，还有其他作用方式存在于材料 5%Ce/ZSM-5K 对 As（V）的吸附过程中，具体吸附作用方式的分析会在后期吸附机理章节中进行详细阐述。

5.6.2 初始浓度对 As（Ⅴ）去除性能的影响

从前述研究中可知，不同砷初始浓度条件下吸附剂的砷去除率有明显不同，为考察不同砷初始浓度下吸附剂 5%Ce/ZSM-5K 对砷去除性能的影响，本节分别在初始浓度 5.27mg/L、10.25mg/L、20.78mg/L、40.15mg/L 和 100.77mg/L 的条件下进行考察。

图 5-16 是不同初始砷浓度下吸附剂 5%Ce/ZSM-5K 对砷的去除情况，很明显砷去除率随着初始砷浓度的增加而降低，其最大砷去除率从 99.99% 降到 35.6%。同时，当初始浓度小于 10mg/L 时，5%Ce/ZSM-5K 对砷的去除率大于 95%，此时水溶液中 As（Ⅴ）的剩余浓度低于 0.5mg/L，出水达到国家所规定的《污水排放综合标准》(GB 8978—2002)。此外，吸附剂 5%Ce/ZSM-5K 除砷反应的平衡时间随着初始浓度的增加而延长，这与前述柠檬酸铁改性粉煤灰和粉煤灰制得 X 型沸石在不同初始浓度条件下除砷的结果相一致。

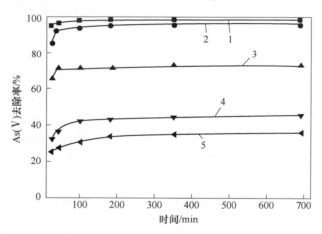

图 5-16　不同初始浓度对 5%Ce/ZSM-5K 除 As（Ⅴ）性能的影响
1—5.27mg/L；2—10.25mg/L；3—20.78mg/L；4—40.15mg/L；5—100.77mg/L

5.6.3　5%Ce/ZSM-5K 投加量对 As（Ⅴ）去除性能的影响

为研究吸附剂 5%Ce/ZSM-5K 去除 As（Ⅴ）过程中吸附剂投加量对 As（Ⅴ）去除率的影响，作者在 0.4g/L、1.0g/L 和 2g/L 的投加量情形下考察吸附剂投加量的影响，并将吸附反应时间控制在 15~720min 内进行实验。

图 5-17 是不同投加量和接触时间下 5%Ce/ZSM-5K 对砷的去除情况，很明显，由于吸附位点会随着吸附剂投加量的增加而增多，所以 As（Ⅴ）去除率随着 5%Ce/ZSM-5K 投加量的增加而升高，当吸附剂投加量从 0.4g/L 增加到 2g/L

时，As（V）去除率从约67%增加到近100%，但As（V）去除率增加幅度的最大值是出现在吸附剂量从0.4g/L增加到1g/L，吸附剂量从1g/L增加到2g/L时As（V）去除率出现有小幅度增加是因为部分5%Ce/ZSM-5K吸附位点被浪费与空置，没有与砷发生吸附作用。此外，在吸附剂用量大于1g/L时，As（V）去除率大于95.8%，吸附反应结束后水溶液中的As（V）含量小于0.5mg/L，出水达到国家所规定的《污水排放综合标准》（GB 8978—2002）。

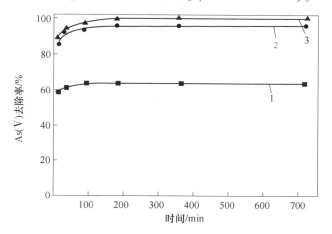

图5-17 吸附剂量和吸附时间对As（V）去除率的影响
1—0.4g/L；2—1g/L；3—2g/L

5.6.4 体系温度对5%Ce/ZSM-5K除As（V）性能的影响

反应体系温度是影响物理化学反应的重要因素之一。本节在研究体系温度对吸附剂5%Ce/ZSM-5K复合材料除As（V）性能的影响中，是通过将温度控制在室温［（20±2）℃］、（35±2）℃和（50±2）℃条件下进行考察。

图5-18是不同温度下5%Ce/ZSM-5K复合材料去除As（V）性能的结果。由图5-18可知，As（V）去除率随着体系温度的升高而升高，主要是因为反应体系温度的升高有利于加速体系中分子的布朗运动，吸附质与吸附剂运动频率的加快使得它们彼此间接触频率增加，从而使得As（V）去除率升高。再者，由反应温度有利于As（V）去除率的升高可猜测As（V）在5%Ce/ZSM-5K复合材料表面的吸附过程是吸热反应。

5.6.5 5%Ce/ZSM-5K吸附As（V）的吸附等温线

将5%Ce/ZSM-5K吸附As（V）所得平衡实验数据用吸附等温式Langmuir和Freundlich线性形式进行拟合分析，并用拟合分析结果来阐述吸附机理。

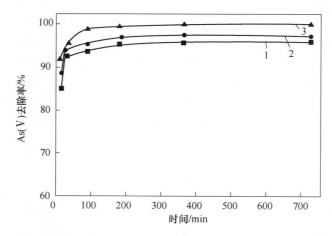

图 5-18 不同温度下 5%Ce/ZSM-5K 对 As（V）去除效率的影响
1—20℃；2—35℃；3—50℃

图 5-19 是 5%Ce/ZSM-5K 吸附 As（V）的 Langmuir 和 Freundlich 等温方程的拟合直线，相关拟合参数见表 5-1。很明显，图 5-19 中实验数据与 Freundlich 拟合直线的离散程度最小，即 As（V）在吸附剂 5%Ce/ZSM-5K 表面的吸附行为是符合 Freundlich 方程。结合表 5-1 中的数据，两个模型的线性回归系数 R^2 都大于 0.95，Freundlich 模型的线性回归系数 R^2 大于 Langmuir 模型的 R^2 值，即 Freundlich 模型的线性回归系数 R^2 值更加接近于 1.0。Freundlich 方程的 $1/n$ 值是 0.27，小于 1，表明 As（V）在吸附剂 5%Ce/ZSM-5K 表面的吸附反应是比较容易发生的[42-44]。此外，5%Ce/ZSM-5K 吸附 As（V）的 Langmuir 吸附等温式拟合回归系数 $R^2 > 0.97$，这表明 Langmuir 等温式拟合参数也可用来分析 As（V）的吸附行为，经计算，其理论最大单分子层吸附容量是 31.63mg/g。

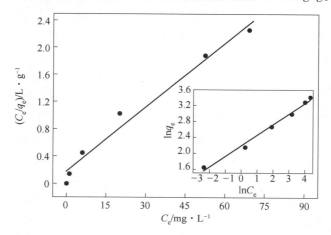

图 5-19 5%Ce/ZSM-5K 吸附 As（V）的 Langmuir 和 Freundlich（内插图）等温线

表 5-1 吸附等温模型的相关参数

吸附等温线方程	R^2	相关参数
Langmuir 吸附等温式	0.9736	$q_{max}=31.63mg/g$，$k_1=0.18$
Freundlich 吸附等温式	0.9863	$k_2=9.11$，$1/n=0.27$

为对 As（V）在吸附剂 5%Ce/ZSM-5K 复合材料的吸附容量进行评价，将其吸附容量与其他常见砷吸附剂进行比较。表 5-2 是不同 As（V）吸附剂吸附砷的最大吸附容量比较结果，从表中可以明显看出，5%Ce/ZSM-5K 对 As（V）的吸附容量远大于其他一些现有吸附剂。

表 5-2 不同 As（V）吸附剂的吸附容量比较

吸附剂	吸附容量/$mg \cdot g^{-1}$	参考文献
（水合）氧化铁改性沸石	1.69	[45]
La-Al 复合物	12.88	[46]
稀土氧化物的混合物	2.95	[47]
活性炭	3.08	[48]
氧化铝	15.9	[49]
氧化铁涂层的石英	0.39	[50]
5%Ce/ZSM-5K	31.63	本书

5.6.6　5%Ce/ZSM-5K 吸附 As（V）的吸附动力学

吸附动力学的分析对于吸附质在吸附剂表面吸附过程中吸附速率的考察是非常有必要的。为了解 As（V）在 5%Ce/ZSM-5K 复合材料表面吸附过程中的吸附行为，准一级动力学方程、准二级动力学方程和内扩散方程的线性形式被用来对不同浓度下所得吸附实验数据进行拟合分析，拟合结果如图 5-20 所示，相关参数列在表 5-3 中。从图 5-20 可清晰看出，在所考察的初始浓度条件下，准二级动力学方程拟合直线与不同初始浓度所得实验数据的离散程度明显小于准一级动力学方程和内扩散方程，且内扩散方程的拟合直线没有经过坐标轴的原点，这表明砷在此吸附剂表面的吸附过程是由多种机制共同作用的[51-52]。

由于判定动力学拟合结果的两个重要手段分别是：（1）动力学方程模拟计算出的吸附容量与实验所得实际值的接近程度，两个值之间的差值越小拟合效果越好；（2）动力学方程与实验数据拟合所得线性回归系数的大小，这个值越大、

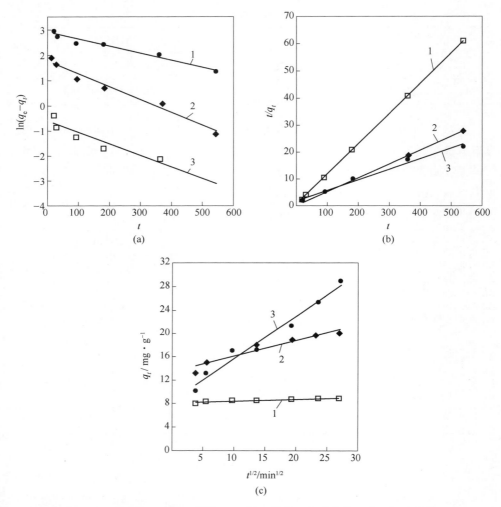

图 5-20　5%Ce/ZSM-5K 吸附 As（Ⅴ）的准一级动力学、准二级动力学
和内扩散动力学方程拟合结果
（a）准一级动力学；（b）准二级动力学；（c）内扩散动力学方程
1—10.25mg/L；2—40.15mg/L；3—100.77mg/L

表 5-3　5%Ce/ZSM-5K 吸附 As（Ⅴ）的动力学参数

C_0 /mg·L^{-1}	准一级动力学			准二级动力学			内扩散		
	k_1	$q_{e,cal}$/mg·g^{-1}	R^2	k_2	$q_{e,cal}$/mg·g^{-1}	R^2	k_3	C	R^2
10.25	0.0046	0.54	0.9379	0.0514	8.87	0.9999	0.0257	8.27	0.8251
40.15	0.0052	6.09	0.9634	0.0037	19.80	0.9989	0.2744	13.27	0.8781
100.77	0.0027	17.59	0.9467	0.0009	25.58	0.9730	0.7214	8.55	0.9609

5.6　5%Ce/ZSM-5K 的 As（V）去除性能

越接近于1，则说明拟合效果越好[53]。结合表 5-3 中的线性回归系数 R^2 的数据，可以很明显地看出，所研究砷初始浓度在 10.25mg/L、40.15mg/L 和 100.77mg/L 吸附过程中，准二级动力学方程的 R^2 值都大于准一级动力学和内扩散方程的，同时准二级动力学方程计算所得吸附容量比其他模型都更加接近于实验数据。这也说明 As（V）在 5%Ce/ZSM-5K 复合材料表面的吸附过程遵从准二级动力学方程，即"表面反应"是整个吸附反应的速率控制步骤[54-55]。此外，从表 5-3 中计算出的二级动力学吸附速率常数（k_2）可以看出，随着初始砷浓度的增加，吸附速率随之降低，这与初始砷浓度对除砷性能的影响结果相一致，即吸附平衡时间随着初始砷浓度的增加而延长。这与之前所研究的砷在吸附剂柠檬酸铁改性粉煤灰、X 型沸石、壳聚糖改性 X 型沸石表面的结果也相一致。

5.6.7　共存阴离子对 5%Ce/ZSM-5K 除 As（V）性能的影响

5.6.6节探讨 As（V）在 5%Ce/ZSM-5K 复合材料表面吸附行为的研究主要是在单一的含砷体系中进行，但实际水体中往往含有很多其他成分[56-57]。从 pH 值影响结果可知，As（V）在 5%Ce/ZSM-5K 表面的吸附作用中涉及正负电荷静电吸引作用，为此就常见阴离子 NO_3^-、CO_3^{2-}、SO_4^{2-} 和 PO_4^{3-} 对砷去除率的影响进行考察。

图 5-21 是不同共存阴离子浓度下（5mg/L、50mg/L、100mg/L 和 200mg/L）吸附剂 5%Ce/ZSM-5K 对 As（V）的去除结果。在所研究的各浓度范围内，SO_4^{2-} 和 NO_3^- 对 As（V）去除率抑制在 5% 范围内，即 SO_4^{2-} 和 NO_3^- 几乎不影响

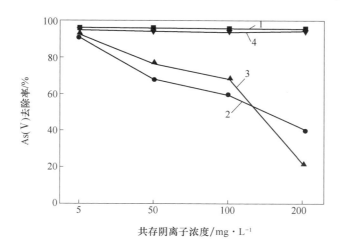

图 5-21　共存阴离子对 As（V）去除率的影响
1—SO_4^{2-}；2—PO_4^{3-}；3—CO_3^{2-}；4—NO_3^-

As（V）在吸附剂5%Ce/ZSM-5K表面的吸附能力；但是其他两个阴离子CO_3^{2-}和PO_4^{3-}对As（V）的去除有不同程度的影响，其中，浓度高达200mg/L的CO_3^{2-}对砷吸附性能的影响最大。在高浓度时，尤其当CO_3^{2-}的浓度由100mg/L增至200mg/L时，As（V）去除率直接降到了21%，这说明了CO_3^{2-}与As（V）形成了竞争吸附。

5.6.8 吸附机理

为揭示As（V）在5%Ce/ZSM-5K表面的吸附机理，研究中通过对砷吸附过程中反应体系pH值变化、样品吸附砷前后的FT-IR和吸附前后样品的XPS进行测定和表征来进行分析。

5.6.8.1 As（V）吸附过程中pH值变化

根据pH值对As（V）去除率的影响结果，本小节就初始pH值为3.0、9.0和10.0时的吸附液在不同时间的变化情况进行测定和分析。图5-22是所考察不同初始pH值条件下，吸附液在不同吸附反应时间的pH值。

图5-22（a）是初始pH值为3.0的吸附液在不同反应时间内的变化图。由图5-22可知，吸附液pH值随着反应时间的增加而升高，从初始pH值的3.04升高到3.13，即说明在初始pH值为3.0的吸附体系中存在有耗氢反应。结合前期测定的复合材料5%Ce/ZSM-5K等电点数值为9.2，吸附剂在pH值小于9.2时表面会被质子化带正电荷，而As（V）在此环境下主要以阴离$H_2AsO_4^-$的形式存在，所以可认为在pH值为3.0的吸附体系中，As（V）主要是通过$H_2AsO_4^-$与5%Ce/ZSM-5K表面正电荷之间的静电吸引作用来进行吸附反应。

图5-22（b）是初始pH值为9.0的吸附液在不同吸附反应时间内的变化结果。由图5-22可知，在吸附反应刚开始的15min内，吸附液pH值从原来的9.0降至5.06，之后吸附液pH值随着反应时间的增加又缓慢升高，但上升幅度不大。吸附液pH值在刚开始15min内的降低原因主要有两点：（1）吸附剂在初始pH值为9.0的这一研究体系中仍然带正电荷，这个正电荷吸附碱性体系中过多的OH^-，并导致溶液pH值下降；（2）吸附剂表面未能分解的硫酸根进入反应体系，体系中酸根离子增多，致使溶液中pH值快速降低。其中，结合图5-22（a）中的结果和不同初始浓度不同时间下的砷去除情况可发现，吸附剂5%Ce/ZSM-5K表面的正负电荷静电吸引并不是一个可在15min内完成的"快速反应"，所以吸附体系pH值降低的主要原因不是对碱性体系的OH^-吸附，而是体系中酸根离子增多。为进一步证明这一观点，后期研究中通过FT-IR和XPS对吸附剂表面官能团变化进行分析来进行深入解释。吸附反应时间超过15min后吸附体系pH值出现升高，这一趋势与初始pH值为3.0时的结果相一致，即通过$H_2AsO_4^-$与5%Ce/ZSM-5K表面酸根离子释放所留下的正电荷静电吸引作用进行吸附反应。

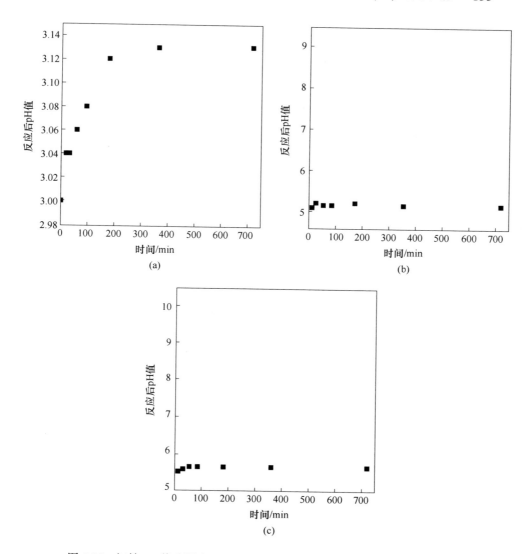

图 5-22　初始 pH 值分别为 3.0、9.0 和 10.0 的吸附液反应后 pH 值的变化
(a) pH=3.0；(b) pH=9.0；(c) pH=10.0

图 5-22（c）是初始 pH 值为 10.0 的吸附液在不同反应时间内的变化结果。由图 5-22 可知，吸附液 pH 值变化趋势与初始 pH 值为 9.0 的吸附液变化相一致，都是先有一个明显的下降，后有缓慢增加。但吸附剂在 pH 值为 10.0 的这一研究体系中是通过脱氢而带的负电荷，脱离出的氢可与碱性溶液中的 OH^- 作用来部分降低体系 pH 值；此外，pH 值降低的另一理由与初始 pH 值为 9.0 的缘由相同，可能是吸附剂 5%Ce/ZSM-5K 表面酸根离子释放所致。吸附反应超过 15min 后吸

附体系 pH 值出现略微升高,这一趋势与初始 pH 值为 3.0 和 9.0 时的结果相一致,即此条件的吸附反应作用机制是相似的。

5.6.8.2 吸附前后样品 FT-IR

FT-IR 是表征材料表面官能团的有效手段之一[58-60]。为进一步证明材料 ZSM-5K 表面官能团在嫁接、吸附过程中的变化,且反应过程中伴随有 5%Ce/ZSM-5K 表面酸根离子的释放,研究者采用 FT-IR 对吸附 As(V)前后的 5%Ce/ZSM-5K 进行表征与分析。

图 5-23 是 ZSM-5K、5%Ce/ZSM-5K 和吸附砷的 5%Ce/ZSM-5K 三个样品的 FT-IR 图。很明显,样品 ZSM-5K 在 486cm^{-1}、553cm^{-1} 和 794cm^{-1} 这几个波数处出现了三个明显的特征峰,据资料显示,这三个特征峰是 ZSM-5 的结构中 T—O (T:Al 或 Si)特征峰[61];此外,样品还在 983cm^{-1} 出现了 Si—OH 键的振动峰。负载硫酸高铈后的 5%Ce/ZSM-5K 样品在 592cm^{-1} 和 661cm^{-1} 两波数处出现了两个新的特征峰,由于这两个峰属于硫酸根的振动峰,这再次证明了硫酸高铈的成功嫁接。吸附砷后 5%Ce/ZSM-5K 样品的 FT-IR 曲线中,样品在 592cm^{-1} 和 661cm^{-1} 两波数处的特征峰消失,这说明砷在吸附剂表面的吸附过程中伴随有硫酸根的流失。

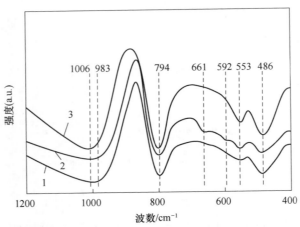

图 5-23 ZSM-5K、5%Ce/ZSM-5K 和吸附砷 5%Ce/ZSM-5K 的 FT-IR 图
1—ZSM-5K;2—5%Ce/ZSM-5K;3—吸附砷 5%Ce/ZSM-5K

5.6.8.3 吸附前后样品 XPS

为进一步证明 5%Ce/ZSM-5K 吸附剂在 As(V)吸附过程中存在有硫酸根的流失问题,本研究选用 XPS 对吸附前后样品进行分析。

图 5-24 是吸附剂 5%Ce/ZSM-5K 吸附砷前后的 XPS 全谱图。通过比较发现,吸附完砷后的饱和吸附剂 5%Ce/ZSM-5K 在结合能 45.3eV 左右处出现了 As 3d 的

特征峰，并在结合能 1327eV 左右出现了 As 2p 的特征峰，这表明砷确实较好的吸附在 5%Ce/ZSM-5K 表面[62-63]。

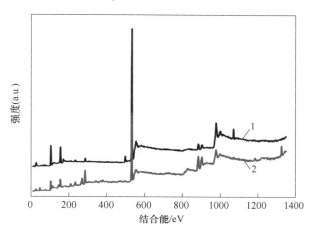

图 5-24　吸附前和吸附后 Ce/ZSM-5K 的 XPS 全谱图
1—吸附前；2—吸附后

图 5-25 是吸附 As（V）前后样品 5%Ce/ZSM-5K 的 S 2p 高分辨图。很明显，吸附前 5%Ce/ZSM-5K 的 S 2p 图谱在结合能 169.2eV 左右处出现了特征峰，资料表明这符合硫在硫酸根中的电子环境，即硫以硫酸根的形式存在于吸附剂 Ce/ZSM-5K 表面[64]。但是吸附砷后，饱和吸附剂的 S 2p 曲线上没峰出现，这表面硫酸根的特征峰消失了，即在砷吸附过程中确发生了硫酸根的流失，这与前述 FT-IR 的结果相一致。

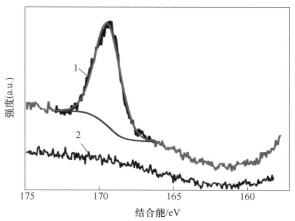

图 5-25　吸附前和吸附后的 Ce/ZSM-5K S 2p 高分辨图
1—吸附前；2—吸附后

综上，在吸附液初始pH值为9.0和10.0的条件下，吸附反应发生的前15min确有硫酸根流失发生，这也导致溶液pH值快速降低。As（V）在5%Ce/ZSM-5K表面的吸附反应机理可总结为：（1）初始pH=3的条件下，5%Ce/ZSM-5K表面因质子化带正电荷，As（V）主要是通过$H_2AsO_4^-$与5%Ce/ZSM-5K表面正电荷之间的静电吸引作用来进行吸附反应；（2）初始pH=9的条件下，5%Ce/ZSM-5K表面的硫酸根在反应初发生流失，致使吸附剂带有大量正电荷，并通过静电吸引吸附水体中带负电荷的砷离子$H_2AsO_4^-$；（3）初始pH=10的条件下，5%Ce/ZSM-5K表面的硫酸根在反应初发生流失，致使吸附剂带有大量正电荷，并通过静电吸引来吸附水体中带负电荷的OH^-和砷离子$H_2AsO_4^-$，已吸附的OH^-也可与$H_2AsO_4^-$发生离子交换来提高溶液pH值。

参 考 文 献

[1] 储伟. 催化剂工程［M］. 成都：四川大学出版社，2006.

[2] CHEN F, HAO J, YU Y, et al. The influence of external acid strength of hierarchical ZSM-5 zeolites on *n*-heptane catalytic cracking［J］. Microporous and Mesoporous Materials, 2022, 330: 111575.

[3] ZHOU C D, HAN C Y, MIN X Z, et al. Enhancing arsenic removal from acidic wastewater using zeolite-supported sulfide nanoscale zero-valent iron: The role of sulfur and copper［J］. Journal of Chemical Technology And Biotechnology, 2021, 96（7）: 2042-2052.

[4] TRIPATHY S S, RAICHUR A M. Enhanced adsorption capacity of activated alumina by impregnation with alum for removal of As（V）from water［J］. Chemical Engineering Journal, 2008, 138（1/2/3）: 179-186.

[5] ZHANG Y, YANG M, DOU X, et al. Arsenate adsorption on an Fe-Ce bimetal oxide adsorbent: Role of surface properties［J］. Environmental Science & Technology, 2005, 39（18）: 7246-7250.

[6] SUN X F, HU C, QU J H. Adsorption and removal of arsenite on ordered mesoporous Fe-modified ZrO_2［J］. Desalination and water treatment, 2009, 8: 139-145.

[7] TURRO N J, CHENG C C, ABRAMS L, et al. Size, shape, and site selectivities in the photochemical reactions of molecules adsorbed on pentasil zeolites. Effects of coadsorbed water［J］. Journal of the American Chemical Society, 1987, 109（8）: 2449-2456.

[8] ZHANG K, OSTRAAT M L. Innovations in hierarchical zeolite synthesis［J］. Catalysis Today, 2016, 264: 3-15.

[9] 罗永明，韩彩芸，何德东. 铝系无机材料在含砷废水净化中的关键技术［M］. 北京：冶金工业出版社有限公司，2019.

[10] HAN C Y, LI H Y, PU H P, et al. Synthesis and characterization of mesoporous alumina and their performances for removing arsenic（V）［J］. Chemical Engineering Journal, 2013, 217: 1-9.

[11] YU M J, LI X, AHN W S. Adsorptive removal of arsenate and orthophosphate anions by mesoporous alumina［J］. Microporous and Mesoporous Materials, 2008, 113（1/2/3）: 197-203.

[12] WANG Y, BRYAN C, XU H, et al. Interface chemistry of nanostructured materials: Ion adsorption on mesoporous alumina [J]. Journal of Colloid and Interface Science, 2002, 254 (1): 23-30.
[13] 祁晓岚, 陈雪梅, 孔德金, 等. 介孔丝光沸石的制备及其对重芳烃转化反应的催化性能 [J]. 催化学报, 2009, 30 (12): 1197-1202.
[14] MARTIN T, GALARNEAU A, Renzo F D, et al. Morphological control of MCM-41 by pseudomorphic synthesis [J]. Angewandte Chemie International Edition, 2002, 41: 2590-2592.
[15] EINICKE W D, UHLIG H, ENKE D, et al. Synthesis of hierarchical micro/mesoporous Y-zeolites by pseudomorphic transformation [J]. Colloids and Surfaces A: Physicochem. Eng. Aspects, 2013, 437: 108-112.
[16] MANKO M, CHAL R, TRENS P, et al. Porosity of micro-mesoporous zeolites prepared via pseudomorphic transformation of zeolite Y crystals: A combined isothermal sorption and thermodesorption investigation [J]. Microporous and Mesoporous Materials, 2013, 170: 243-250.
[17] HAN C, PU H, Li H, et al. The optimization of As (V) removal over mesoporous alumina by using response surface methodology and adsorption mechanism [J]. Journal of Hazardous Materials, 2013, (254/255): 301-309.
[18] MOHAN D, PITTMAN C U. Arsenic removal from water/wastewater using adsorbents—A critical review [J]. Journal of Hazardous Materials, 2007, 142 (1/2): 1-53.
[19] BISWAS B K, INOUE K, GHIMIRE K N, et al. Effective removal of arsenic with lanthanum (Ⅲ) and cerium (Ⅲ) -loaded orange waste gels [J]. Separation Science Technology, 2008, 43: 2144-2165.
[20] LI Z J, DENGA S, YUA G, et al. As (V) and As (Ⅲ) removal from water by a Ce-Ti oxide adsorbent: Behavior and mechanism [J]. Chemical Engineering Journal, 2010, 161: 106-113.
[21] YU Y, ZHANG C Y, YANG L M, et al. Cerium oxide modified activated carbon as an efficient and effective adsorbent for rapid uptake of arsenate and arsenite: Material development and study of performance and mechanisms [J]. Chemical Engineering Journal, 2017, 315: 630-638.
[22] 王辉, 臧亮鹏, 朱銎珊, 等. 粉煤灰基ZSM-5分子筛研究进展 [J]. 化工科技, 2019, 27 (2): 70-73.
[23] 亢玉红, 李健, 郝华睿, 等. 以粉煤灰为原料采用两步法制备高纯度ZSM-5型沸石的研究 [J]. 人工晶体学报, 2017, 46 (7): 1389-1393.
[24] KARAVASILI C, AMANATIADOU E P, KONTOGIANNIDOU E, et al. Comparison of different zeolite framework types as carriers for the oral delivery of the poorly soluble drug indomethacin [J]. International Journal of Pharmaceutics, 2017, 528: 76-87.
[25] 徐如人, 庞文琴, 等. 分子筛与多孔材料化学 [M]. 北京: 科学出版社, 2004.
[26] DALENJAN M B, RASHIDI A, KHORASHEH F, et al. Effect of Ni ratio on mesoporous Ni/MgO nanocatalyst synthesized by one-step hydrothermal method for thermal catalytic decomposition of CH_4 to H_2 [J]. International Journal of Hydrogen Energy, 2022, 47: 11539-11551.

[27] 邹照华. 新型 Al-Si 介孔材料对砷的吸附研究 [D]. 昆明：昆明理工大学, 2010.
[28] DIAO Z, WANG L, ZHANG X, et al. Catalytic cracking of supercritical *n*-dodecane over meso-HZSM-5@ Al-MCM-41 zeolites [J]. Chemical Engineering Science, 2015, 135: 452-460.
[29] PERON D V, ZHOLOBENKO V L, de Melo J H S, et al. External surface phenomena in dealumination and desilication of large single crystals of ZSM-5 zeolite synthesized from a sustainable source [J]. Microporous Mesoporous Materials, 2019, 286: 57-64.
[30] SING K S W, EVERETT D H, HAUL R A W, et al. Reporting physisorption data for gas, solid systems with special reference to the determination of surface area and porosity (recommendations 1984) [J]. Pure and Applied Chemistry, 1985, 57: 603-619.
[31] HOU X, ZHU W, TIAN Y, et al. Superiority of ZrO_2 surface enrichment on ZSM-5 zeolites in *n*-pentane catalytic cracking to produce light olefins [J]. Microporous Mesoporous Materials, 2019, 276: 41-51.
[32] HAN C, ZHANG L, CHEN H, et al. Reomval As (V) by sulfated mesoporous Fe-Al bimetallic adsorbent: Adsorption performance and uptake mechanism [J]. Journal of Environmental Chemical Engineering, 2016, 4: 711-718.
[33] HE S, HAN C, WANG H, et al. Uptake of Arsenic (V) Using Alumina Functionalized Highly Ordered Mesoporous SBA-15 (Alx-SBA-15) as an Effective Adsorbent [J]. Journal of Chemical and Engineering Data, 2015, 60 (5): 1300-1310.
[34] CARNEIRO M A, PINTOR A M A, BOAVENTURA R A R, et al. Efficient removal of arsenic from aqueous solution by continuous adsorption onto iron-coated cork granulates [J]. Journal of Hazardous Materials, 2022, 432: 128657.
[35] YANG B, ZHOU X, CHEN Y, et al. Preparation of a spindle δ-MnO_2@ Fe/Co-MOF-74 for effective adsorption of arsenic from water [J]. Colloids and Surfaces A: Physicochemical and Engineering Aspects, 2021, 629: 127378.
[36] TUNA A O A, OZDEMIR E, SIMSEK E B, et al. Removal of As (V) from aqueous solution by activated carbon-based hybrid adsorbents: Impact of experimental conditions [J]. Chemical Engineering Journal, 2013, 223: 116-128.
[37] LI W, CAO C Y, WU L Y, et al. Superb fluoride and arsenic removal performance of highly ordered mesoporous aluminas [J]. Journal of Hazardous Materials, 2011, 198 (2): 143-150.
[38] DUBEY S P, DWIVEDI A D, SILLANPAA M, et al. Adsorption of As (V) by boehmite and alumina of different morphologies prepared under hydrothermal conditions [J]. Chemosphere, 2017, 169: 99-106.
[39] TAN G, MAO Y, WANG H, et al. A comparative study of arsenic (V), tetracycline and nitrate ions adsorption onto magnetic biochars and activated carbon [J]. Chemical Engineering Research and Design, 2020, 159: 582-591.
[40] LI M, ZHANG B, ZOU S, et al. Highly selective adsorption of vanadium (V) by nano-hydrous zirconium oxide-modified anion exchange resin [J]. Journal of Hazardous Materials, 2020, 384: 121386.
[41] YIN Z, LÜTZENKIRCHEN J, FINCK N, et al. Adsorption of arsenic (V) onto single sheet

iron oxide: X-ray absorption fine structure and surface complexation [J]. Journal of Colloid and Interface Science, 2019, 554: 433-443.

[42] ALI I, AL-OTHMAN Z A, ALWARTHAN A, et al. Removal of arsenic species from water by batch and column operations on bagasse fly ash [J]. Environmental Science And Pollution Research, 2014, 21: 3218-3229.

[43] YANG Q, WANG Y, Wang J, et al. High effective adsorption/removal of illegal food dyes from contaminated aqueous solution by Zr-MOFs (UiO-67) [J]. Food Chemistry, 2018, 254: 241-248.

[44] ZHU X, LI B, YANG J, et al. Effective adsorption and enhanced removal of organophosphorus pesticides from aqueous solution by Zr-based MOFs of UiO-67 [J]. ACS Applied Materials & Interfaces, 2015, 7: 223-231.

[45] NEKHUNGUNI P M, TAVENGWA N T, TUTU H. Investigation of As (V) removal from acid mine drainage by iron (hydr) oxide modified zeolite [J]. Journal of Environmental Management, 2017, 197: 550-558.

[46] WASAY S A, TOKUNAGA S, PARK S W. Removal of hazardous anions from aqueous solutions by La (Ⅲ) and Y (Ⅲ) -impregnated alumina [J]. Separation Science Technology, 1996, 31: 1501-1514.

[47] RAICHUR A M, PENVEKAR V. Removal of As (V) by adsorption onto mixed rare earth oxides [J]. Separation Science Technology, 2002, 37: 1095-1108.

[48] CHUANG L, FAN M, XU M, et al. Adsorption of arsenic (V) by activated carbon prepared from oat hulls [J]. Chemosphere, 2005, 61: 478-483.

[49] LIN T F, WU J K. Adsorption of arsenite and arsenate within activated alumina grains: Equilibrium and kinetics [J]. Water Research, 2001, 35: 2049-2057.

[50] MOSTAFA M G, CHEN Y H, JEAN J S, et al. Adsorption and desorption properties of arsenate onto nano-sized iron-oxide-coated quartz [J]. Water Science & Technology, 2010, 62 (2): 378-386.

[51] WANG R, XU H, ZHANG K, et al. High-quality Al@ Fe-MOF prepared using Fe-MOF as a micro-reactor to improve adsorption performance for selenite [J]. Journal of Hazardous Materials, 2019, 364: 272-280.

[52] TRAN H N, YOU S J, HOSSEINI-BANDEGHARAEI A, et al. Mistakes and inconsistencies regarding adsorption of contaminants from aqueous solutions: A critical review [J]. Water Research, 2017, 120: 88-116.

[53] SWAIN S K, PATNAIK T, SINGH V K, et al. Kinetics, equilibrium and thermodynamic aspects of removal of fluoride from drinking water using meso-structured zirconium phosphate [J]. Chemical Engineering Journal, 2012, 171 (3): 1218-1226.

[54] ZHAO D L, YANG X, CHEN C L, et al. Enhanced photocatalytic degradation of methylene blue on multiwalled carbon nanotubes-TiO_2 [J]. Journal of Colloid and Interface Science, 2013, 398: 234-239.

[55] LV Z, YANG S, ZHU H, et al. Highly efficient removal of As (V) by using NiAl layered

double oxide composites [J]. Applied Surface Science, 2018, 448: 599-608.

[56] PILLEWAN P, MUKHERJEE S, ROYCHOWDHURY T. Removal of As (Ⅲ) and As (Ⅴ) from water by copper oxide incorporated mesoporous alumina [J]. Journal of Hazardous Materials, 2011, 186: 367-375.

[57] GHEJUA M, BALCU I, MOSOARCA G. Removal of Cr (Ⅵ) from aqueous solutions by adsorption on MnO_2 [J]. Journal of Hazardous Materials, 2016, 310: 270-277.

[58] ZAMBRANO G B, DE ALMEIDA O N, DUARTE D S, et al. Adsorption of arsenic anions in water using modified lignocellulosic adsorbents [J]. Results in Engineering, 2022, 13: 100340.

[59] SOLÍS-RODRÍGUEZ R, PÉREZ-GARIBAY R, ALONSO-GONZÁLEZ O, et al. Enhancing the arsenic adsorption by controlling the zeta potential of Zn$(OH)_2$ flocs [J]. Journal of Environmental Chemical Engineering, 2021, 9: 106300.

[60] SHANG S, LI L, YANG X, et al. Synthesis and characterization of poly (3-methyl thiophene) nanospheres in magnetic ionic liquid [J]. Journal of Colloid and Interface Science, 2009, 333: 415-418.

[61] LIU W, XU Y. Methane dehydrogenation and aromatization over Mo/HZSM-5: In situ FT-IR characterization of its acidity and the interaction between Mo species and HZSM-5 [J]. Journal of Catalysis, 1999, 185 (2): 386-392.

[62] ZHANG G S, QU J H, LIU H J, et al. Removal mechanism of As (Ⅲ) by a novel Fe-Mn binary oxide adsorbent: Oxidation and sorption [J]. Environmental Science and Technology, 2007, 41 (13): 4613-4619.

[63] WAGNER C D. Chemical shifts of auger lines, and the auger parameter [J]. Faraday Discussions of the Chemical Society, 1975, 60: 291-300.

[64] WU D, PENG S, YAN K, et al. Enhanced As (Ⅲ) sequestration using sulfide-modified nano-scale zero-valent iron with a characteristic core-shell structure: Sulfidation and As distribution [J]. ACS Sustainable Chemistry Engineering, 2018, 6: 3039-3048.